U0336195

DeepSeek

实用操作指南：

入门、搜索、答疑、写作

李尚龙 著

台海出版社

图书在版编目（CIP）数据

DeepSeek 实用操作指南：入门、搜索、答疑、写作 /
李尚龙著 . -- 北京：台海出版社，2025.4.（2025.4 重印）

　　-- ISBN 978-7-5168-4134-1

　　Ⅰ . TP18-62

中国国家版本馆 CIP 数据核字第 2025NH8841 号

DeepSeek 实用操作指南：入门、搜索、答疑、写作

著　　者：李尚龙

责任编辑：魏　敏　　　　　　　　　封面设计： 幽鹿·永有熊
1015838109@qq.com

出版发行：台海出版社
地　　址：北京市东城区景山东街 20 号　　邮政编码：100009
电　　话：010-64041652（发行，邮购）
传　　真：010-84045799（总编室）
网　　址：www.taimeng.org.cn/thcbs/default.htm
E - m a i l：thcbs@126.com

经　　销：全国各地新华书店
印　　刷：三河市嘉科万达彩色印刷有限公司
本书如有破损、缺页、装订错误，请与本社联系调换

开　　本：880 毫米 × 1230 毫米　　1/32
字　　数：150 千字　　　　　　　　印　　张：7
版　　次：2025 年 4 月第 1 版　　　印　　次：2025 年 4 月第 3 次印刷
书　　号：ISBN 978-7-5168-4134-1

定　　价：69.80 元

　　硅谷一年一度的未来科技峰会是科技界的大事件，各大巨头、创业公司、风险投资人都会参与。很多人以为今年的焦点依然是那些耳熟能详的 AI（Artificial Intelligence，人工智能）产品，比如 ChatGPT（Chat Generative Pre-trained Transformer，一种聊天机器人模型）或刚发布的 Gemini（人工智能模型）。然而，峰会第二天，一场突如其来的"AI挑战赛"却彻底改变了这个节奏。

　　主办方即兴安排了一个 AI 项目演示环节，各公司需在短时间内利用 AI 完成一个极具挑战的任务——分析、整合海量图片、视频和文字数据，生成一份完整的市场研究报告。任务要求不仅分析准确，还要在报告中插入可视化图表，并提出具体建议。很多团队都表现不错，但进展缓慢。就在大家焦急等待的时候，DeepSeek（一款人工智能助手）登场了。

　　DeepSeek 团队将三组复杂的数据快速导入系统，几分钟内就生成了一份近乎完美的报告，涵盖市场趋势、潜在风险和未来机遇，甚至给出了多维度的视觉分析图。更令人震惊的是，它自动生成了一段 3 分钟的视频演示，将复杂的数据变得直观且清晰。现场一片哗然，有些人甚至忍不住鼓掌。

之后，我听说峰会结束当天，几家科技巨头的代表直接找到 DeepSeek 团队，询问合作意向，其中一家甚至当场开出了 8 位数金额的投资邀请。

在我撰写本书的几周前，DeepSeek 在北美市场引起了巨大轰动。DeepSeek-R1（一个大语言模型）以其高效且低成本的优势，迅速成为行业焦点。

这一突破引发了美国科技股的剧烈波动。英伟达（NVIDIA）股价单日下跌近 17%，市值蒸发约 6000 亿美元，创下美股单日市值蒸发纪录。与此同时，Meta（Meta Platform Inc.，原名 Facebook）等公司则因其开源模式而受到投资者青睐，股价有所上涨。

DeepSeek 的成功引发了对美国在 AI 领域主导地位的质疑。《华尔街日报》评论称，DeepSeek 的崛起证明了美国补贴和制裁政策的局限性，强调了美国需要这样的竞争对手来激励自身进步。

此外，DeepSeek 的开源策略也引发了行业的广泛讨论。其 AI 助手在苹果应用商店的下载量超过了 OpenAI（美国开放人工智能研究中心）的 ChatGPT，成为免费应用榜首。这一现象引起了美国 AI 公司的高度关注，纷纷在财报电话会议上讨论 DeepSeek 的影响。

总的来说，DeepSeek 的出现不仅震撼了北美市场，也促使行业重新审视 AI 发展的成本结构和竞争格局。这为全球 AI 领域带来了新的思考和挑战。

这还不是全部，一个有趣的小插曲是，在当晚的峰会晚宴上，一位硅谷风险投资人对 DeepSeek 团队开玩笑地说："你们就像 AI 世界的超级英雄，刚刚拯救了我的投资回报。"

现在你知道它有多特别了吧？也明白为什么我要写这本书了。

DeepSeek 绝不是普通的 AI 工具，它将改变我们每个人的生活方式。和我们熟悉的 ChatGPT 或 Claude（大型语言模型）不同，DeepSeek 拥有更强的多模态能力和智能整合优势，这不仅意味着它能生成文字，还能轻松理解和处理各种形式的数据，比如图片、表格、音频、视频等。它的应用潜力早已突破了单一领域，逐渐渗透到日常生活的方方面面。

未来，每一个中国人的学习、工作、娱乐甚至日常决策中，都可能有 DeepSeek 的身影。

学生可以用它整理课程笔记，将零散的学习资料一键整合成高质量的报告或复习大纲，轻松应对考试和课题研究。

设计师无须长时间构思，只需上传几张草稿或几句简单的描述，DeepSeek 就能生成多种风格的设计稿，节省大量时间。

市场分析师能够借助 DeepSeek 分析海量的行业数据，不仅提供精准的市场洞察，还能自动生成数据可视化和决策建议。

企业高管则可以实时跟踪公司运营情况，自动生成周报、月报，甚至预测市场风险。

更重要的是，它的应用并不限于工作或学习。未来，你或许只需要说一句话，它就能帮你规划一场旅行、推荐健康膳食方案，甚至指导你健身。

DeepSeek 不只是一个工具，它正在成为一个"无所不在的智能助理"，为中国家庭和个人的生活带来真正的变革。所以，学会使用它，不仅是为了"弯道超车"，更是为了让自己不在 AI 大潮中被远远甩开。

正因如此，我邀请你跟随我一步步探索 DeepSeek 的无限可能，让它成为你未来不可或缺的好伙伴。

目录
CONTENTS

第三章 DeepSeek 的深度定制与高效协作

第四章 解锁 DeepSeek 的 7 大使用技巧

第五章　DeepSeek，让你成为学习达人

第六章　DeepSeek 帮你写爆款新媒体文案

第一章

DeepSeek
入门与基础应用

DeepSeek 的成立与特点

　　DeepSeek 公司（杭州深度求索人工智能基础技术研究有限公司）是一家中国人工智能公司，由梁文锋于 2023 年成立，总部位于杭州。该公司以开发开源大型语言模型（Large Language Model，LLM）而闻名，其最新模型 DeepSeek-R1 在性能上可与 OpenAI 的 GPT-4o 媲美，但训练成本仅为约 560 万美元，显著低于其他同类模型。

　　在底层逻辑方面，DeepSeek-R1 采用了与 ChatGPT-4o 不同的技术路径。具体而言，DeepSeek-R1 使用了强化学习技术进行"后训练"，通过学习"思维链"（Chain of Thought，CoT）的方式，逐步推理得出答案，而不是直接预测结果。这种方法使模型的推理能力得到了极大的提升。

　　此外，DeepSeek-R1 采用了"专家混合"（Mixture of Experts，MoE）架构。这是一种模型架构，旨在通过激活不同的专家子模型来提高模型的性能和效率。这种架构使得 DeepSeek-R1 在处理特定任务时能够调用最适合的专家子模型，从而提高推理效率和准确性。

相比之下，ChatGPT-4o 主要基于传统的 Transformer 架构，依赖于大规模数据训练和人类反馈调整，以提高模型的性能。这种方法虽然在多种任务上表现出色，但在推理过程中并不展示中间的思考过程。

总的来说，DeepSeek 通过采用独特的训练方法和模型架构，实现了高效的推理能力和较低的训练成本，与 ChatGPT-4o 相比，展现了不同的技术优势和应用前景。

DeepSeek 与 ChatGPT-4o 的主要底层逻辑差异总结如下：

表1

维度	DeepSeek（DeepSeek-R1/V3）	ChatGPT-4o
模型架构	使用专家混合架构，通过激活不同的专家子模型，提升推理效果与效率。	主要基于 Transformer 架构，以大规模数据和深度学习为核心，通过统一架构应对多任务。

续表

维度	DeepSeek（DeepSeek-R1/V3）	ChatGPT-4o
推理逻辑	强化学习加思维链推理，模拟人类的逐步推理过程，允许中间步骤推导。	主要依赖于直接输出预测结果，不展示明显的中间推理过程。
训练方式	低成本训练，通过优化数据集和专家混合机制降低计算资源需求（训练成本约560万美元）。	高成本训练，依赖大规模算力和人类反馈调整，训练成本显著高于 DeepSeek。
任务处理能力	动态调用合适的专家子模型，针对不同任务进行精细化处理，效率和准确度更高。	同一模型处理所有任务，适应性强，但特定任务的效率可能不如 DeepSeek。
应用场景	强调在特定领域或任务上的深度应用（如医疗、法律等领域）。	更加偏向于通用型任务，例如文本生成、语言理解、代码生成等广泛应用。
创新特性	支持中间步骤输出（解释过程），更贴合需要逐步推导复杂的任务。	注重大规模数据训练的全面性能，但中间推导过程透明度较低。

总之，你可以把 DeepSeek 想象成一个超级助手，特别是超级中文助手，因为它的中文能力比 ChatGPT 强太多了：

- 不会写邮件？它不仅能帮你写好，还能优化语气。
- 要写报告？它能帮你整理数据、列提纲、润色内容。
- 想学编程？它能直接帮你写代码，甚至调试错误。
- 需要翻译？它不仅能翻译得准确，还能优化表达。

换句话说，DeepSeek= 智能写作助手 + 语言翻译助手 + 编程顾问 + 信息整理专家。

DeepSeek 的基本操作

（1）如何注册和登录

步骤如下：

第一步，打开 DeepSeek 官网：https://www.deepseek.com/。

▲ 图 1

第二步，点击“注册”按钮，使用手机号注册即可。

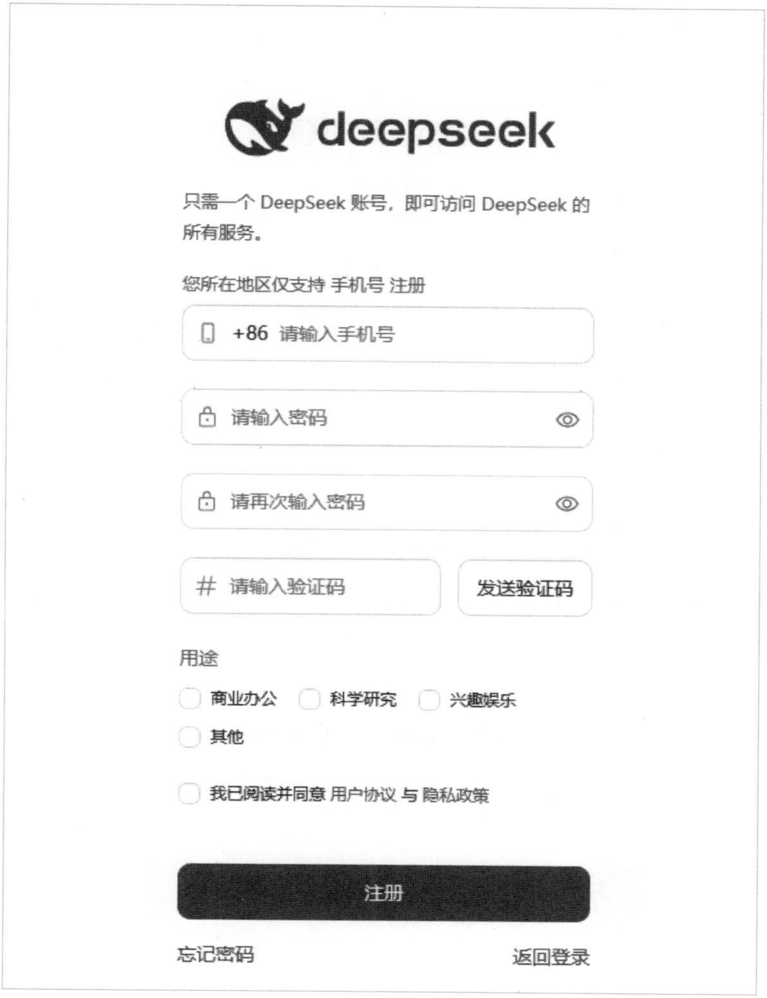
deepseek
只需一个 DeepSeek 账号，即可访问 DeepSeek 的所有服务。
您所在地区仅支持 手机号 注册
+86 请输入手机号
请输入密码
请再次输入密码
请输入验证码
发送验证码
用途
商业办公
科学研究
兴趣娱乐
其他
我已阅读并同意 用户协议 与 隐私政策
注册
忘记密码
返回登录

▲ 图 2

第三步，点击开始对话，或者下载手机 App。

▲ 图 3

第四步，你会看到一个对话框，就像微信聊天一样，在这里输入你的问题，DeepSeek 就会回答。

▲ 图 4

（2）界面介绍

DeepSeek 的界面很简单，主要有 3 个部分。

对话框：你在这里输入问题，AI 在这里回复你。

历史记录：可以回顾你之前的聊天内容。

设置选项：可以调整 AI 的回复风格（比如更简洁、更详细）。

（3）DeepSeek-R1 和联网搜索

➤➤ 用 DeepSeek-R1 模型的情况

当你需要 AI 帮你快速做事时，DeepSeek-R1 是你的最佳选择，它能在离线环境下高效完成任务。

DeepSeek-R1 适合于以下问题：

①写作与内容创作

- "帮我写一篇关于人工智能的科普文章。"

- "润色我的英文邮件，让语气更专业。"

②代码编写与修复

- "用 Python 写一个简单的计算器。"

- "找找这段代码中的错误，优化一下。"

③数学、逻辑推理

- "3 个人分 15 个苹果，每个人最多能分几个？"

- "帮我解这道几何题，说明步骤。"

④信息归纳与总结

- "总结这篇文章的核心观点。"

- "把会议纪要整理成一份简短的报告。"

当问题不需要实时信息（如写作、逻辑题、代码问题等），就让 DeepSeek-R1 来搞定。

▶▶ 用联网搜索的情况

如果你需要最新、实时的答案，就可以用联网搜索功能。它就像你的"动态小助手"，帮你抓取当天的最新数据。

①实时资讯查询

- 今天北京的天气怎么样?

- 最新的 AI 大会的时间和地点。

②最新的时事新闻

- 查查 2025 年 1 月关于某个明星的新闻。

- 查找最近在硅谷发生的科技事件。

③产品或市场调研

- 2025 年最热门的 AI 公司有哪些?

- 帮我整理 2024 年 AI 芯片行业的趋势报告。

④综合多来源信息

- 列出几本关于 AI 教育的畅销书。

- 查查今年大公司的裁员计划。

当你需要最新资讯、动态信息或网络上的多方观点时，联网搜索是你的最佳选择。

⏩ DeepSeek-R1 与联网搜索使用情况对比

表 2

场景	用 DeepSeek-R1	用联网搜索
写作、论文、报告	写小红书文案、改写论文摘要、润色文章	查找论文最新引用、研究最新数据
编程相关任务	写代码、改代码、查 Bug	查询最新的 API 或库的文档
逻辑和计算问题	数学题、逻辑推理、长文总结	无须联网，依靠模型本身即可

续表

场景	用 DeepSeek-R1	用联网搜索
实时动态	不适合，可能给出过时的答案	查新闻、天气、科技动态
市场和调研分析	总结已有的公司或市场分析报告	搜集和整合最新市场数据

简单记忆：

· DeepSeek-R1 适合写作、代码、逻辑推理等不依赖网络的任务。

· 联网搜索适合查找最新动态、时事、市场调研等需要实时数据的问题。

▶▶ 3 个小技巧帮你提高效率

①提问要清楚、具体

如果问题太笼统，比如"给我写一篇文章"，AI 很可能无法准确抓住重点。

示例：

· "写一篇关于 AI 改变教育方式的小红书文案，风格要轻松，字数 200 字。"

- "优化我的代码，找到语法错误并改正。"

②给 AI 分配"角色"

如果你告诉 AI 让它扮演什么角色，它能根据场景调整语气和内容，效果更贴合需求。

示例：

- "你是一个营销专家，帮我写一条广告文案，产品是新款耳机。"

- "你是一个软件工程师，帮我检查这段代码的性能优化点。"

③复杂问题分步骤提问

如果问题太复杂，AI 可能难以一次回答全面，分步骤提问会更高效。

示例：

- 第一步，"帮我分析产品 X 的优缺点"。

- 第二步，"根据优缺点，写一个针对年轻用户的推广方案"。

- 第三步，"给推广方案设计 3 条关键文案"。

（4）实战演练：让 AI 帮你完成任务

▶▶ 场景 1：写邮件

指令："请帮我写一封正式的英文商务邮件，邀请客户参加产品发布会。"

AI 生成：

"Dear（Customer's Name），we are delighted to invite you to···"

➠➤ 场景 2：写代码

指令："请用 Python 写一个自动计算平均分的程序。"

AI 生成：

"······（完整的 Python 代码）"

➠➤ 场景 3：翻译改写

指令："请帮我把这段英文翻译成中文。"（粘贴英文）

AI 生成：

"······（通顺的中文翻译）"

3 写作与内容创作应用：
让 DeepSeek 成为你的创作搭档

你以为 DeepSeek 只是辅助工具？其实它是你真正的创作伙伴，几乎可以帮你搞定所有和写作有关的事。从论文到短文案，从长篇文章到社交媒体推文，只要输入指令，它就能快速生成内容，大幅提高你的工作效率。

别担心应用场景太多而记不住，后面章节里我会详细讲到各种具体用法。

（1）功能亮点

文章写作：一条简单指令就能生成各种类型的文章——论文、小红书文案、公众号推文、项目报告，甚至小说初稿，帮你节省大量时间。

文章优化：自动修改或润色已有内容，让你的文字表达更加精准、自然，适合不同的平台和读者群。

DeepSeek 面对长篇内容时，自动为你提炼出关键信息，轻松缩短阅读时间，抓住核心要点。

（2）应用场景

不论在哪儿，你都能用它。

小红书内容创作：短时间内爆发创意，DeepSeek 自动生成吸引眼球的文案，让你再也不用苦思冥想。

长文章摘要：无论是冗长的研究论文还是新闻报道，DeepSeek 都能快速提炼关键点，让你轻松掌握重要信息。

文章结构重组：DeepSeek 能根据你的要求重组段落和章节，让报告、论文或长文的逻辑更加清晰、流畅。

（3）示例指令与效果

指令："帮我写一篇小红书文案，主题是如何用 AI 提高学习效率，风格轻松幽默，字数 200 字。"

生成示例：

"书山有路 AI 为径！想象一下，写作时不再卡壳，复习时不再熬夜，论文自动生成核心框架——这就是 AI 学习的魔力！三大 AI 神器推荐：ChatGPT 帮你做笔记、DeepSeek 写作助手润色论文、AI 思维导图整理知识框架。学霸进阶？比你想象的简单！"

未来你会发现，不论是写长文、写短文案，还是优化现有内容，DeepSeek 都能帮你更快、更好地完成。这才是高效写作的新时代！

接下来，我会逐步讲解更多的具体操作和实战应用，让它真正成为你不可或缺的"写作搭档"。

翻译与语言处理应用：
让 DeepSeek 帮你翻译和改写

DeepSeek 不仅是你的"语言翻译器"，更是"表达优化大师"，能够理解语境、调整语气，确保翻译内容既准确又专业。无论是跨国邮件、外文论文，还是社交平台内容，都能轻松搞定。

（1）功能亮点

多语言翻译：支持中英互译、中文与日语、法语、德语等多种语言间的高质量翻译，帮助你与世界无障碍沟通。

精准语言风格调整：根据不同的场景要求，提供正式、学术、轻松等多种风格选择，确保符合目标读者的期望。

英文改写与润色：针对英文邮件、论文等正式场合内容，优化措辞、句式，使其更符合英语母语者的表达习惯，避免"直译感"。

自动语法纠正：在翻译或改写过程中，自动检查语法、拼写和标点，确保内容零错误。

（2）应用场景

商务沟通：跨国企业中的中英邮件往来、合同文件翻译等，DeepSeek 能快速提供专业的翻译和润色，让你的表达更有说服力。

论文写作：英文论文、学术报告需要高质量表达时，DeepSeek 能帮你从词汇到句式逐层优化。

社交平台内容：小红书、Instagram（照片墙）等平台需要轻松幽默的翻译和改编文案，DeepSeek 能灵活调整语气，贴合不同受众。

（3）示例指令与效果

指令 1："请帮我把这段中文翻译为英文，并优化表达。"

原文："这篇文章的主题是 AI 如何改变未来教育。"

AI 翻译与优化结果：

"This article explores how AI is reshaping the future of

education."

（翻译时优化了句式，表达更地道、流畅。）

指令 2："帮我改写这封英文邮件，使其语气更专业。"
原文邮件：

Hi John,

I want to discuss a problem we had last week. We couldn't complete the project on time because of some unexpected issues. Can we schedule a call tomorrow ?

AI 改写后：

Dear John,

I hope this message finds you well. I would like to discuss some challenges we encountered last week that caused delays in the project timeline. Would you be available for a call tomorrow to review the situation and explore potential solutions ?

（AI 将邮件改写得更加正式、专业，提升了语气的礼貌性和层次感。）

（4）扩展功能推荐

实时翻译协助：在跨国会议、线上聊天中，AI 可实时翻译发言并调整措辞，让沟通无障碍。

精准语义润色：DeepSeek 可自动识别文本的语境，并进行精准润色，使句子更加流畅自然，同时确保语义准确无误，提升内容的专业性和可读性。

无论是正式文书还是轻松文案，DeepSeek 都能灵活调整语言风格，让你的每一句话更符合目标需求。

5 编程与代码生成应用：
让 DeepSeek 帮你写代码、改代码

DeepSeek 是你的贴身"编程助理"，不仅能帮你写代码、优化逻辑，还能迅速定位和修复代码中的错误。对于编程新手和资深开发者来说，它都是提升效率的利器。

（1）功能亮点

代码编写：支持多种编程语言（如 Python、JavaScript、C++、Java、SQL 等），根据需求生成函数、模块甚至完整项目代码。

代码优化：分析现有代码，优化逻辑结构、变量命名和性能，使代码更加高效、可读。

Bug（程序错误）修复：自动检查代码中的语法、逻辑错误，帮助你快速修复并提供优化建议。

算法与解决方案生成：针对算法问题或复杂逻辑，AI 可根据

需求提供标准化的实现方案。

（2）应用场景

项目开发中的快速原型：需要快速实现一个功能？
DeepSeek 可生成初步代码，让你更快进入测试阶段。

调试和错误修复：当代码运行出错时，AI 可自动分析错误
原因，提供修复建议，减少调试时间。

学习与教学辅助：对于编程学习者，AI 可以帮助理解算法
思路、生成示例代码并解释关键步骤。

跨语言迁移：将一个功能从 Python 迁移到 Java 或其他语言，
AI 可快速完成代码重构。

（3）示例指令与效果

指令 1："用 Python 写一个简单的计算器，支持加减乘除。"
AI 生成的 Python 代码：

```
python
复制编辑
```

```python
def calculator():
    print(" 欢迎使用简单计算器！ ")
    print(" 操作：加 (+)，减 (−)，乘 (*)，除 (/)")
    num1 = float(input(" 请输入第一个数字："))
    operator = input(" 请选择操作符 (+, −, *, /): ")
    num2 = float(input(" 请输入第二个数字："))
    if operator == '+':
        result = num1 + num2
    elif operator == '−':
        result = num1 − num2
    elif operator == '*':
        result = num1 * num2
    elif operator == '/':
        if num2 != 0:
            result = num1 / num2
        else:
            result = " 除数不能为零！ "
    else:
        result = " 无效的操作符。"
    print(f" 结果：{result}")
```

calculator()

（这个简单的交互式计算器，用户输入数字和操作符即可得到计算结果。）

指令 2："帮我优化这段 Python 代码，减少冗余逻辑。"

原始代码：

python

复制编辑

```
if age >= 18:
    print(" 成年人 ")
else:
    if age < 18 and age >= 13:
        print(" 青少年 ")
    else:
        print(" 儿童 ")
```

AI 优化后：

python

复制编辑

```
if age >= 18:

    print(" 成年人 ")

elif age >= 13:

    print(" 青少年 ")

else:

    print(" 儿童 ")
```

（优化后的代码结构更加简洁，去除了不必要的条件判断。）

指令 3：“帮我修复这段 SQL 语句的错误。”

原始 SQL 语句：

```sql
SELECT name, age,   FROM students WHERE age > 18;
```

AI 修复并优化：

```sql
SELECT name, age FROM students WHERE age > 18;
```

（去掉了多余的逗号，保证 SQL 语句的正确执行。）

（4）扩展功能推荐

API 集成辅助：需要集成外部 API（应用程序编程接口，Application Programming Interface，简称 API）？ DeepSeek 可以帮你快速生成调用代码。

文档生成：为你的代码生成自动化注释和文档，提升团队协作效率。

安全检查：在提交代码前，DeepSeek 自动检测潜在的安全漏洞，给出修复建议。

无论是执行简单任务还是开发复杂项目，DeepSeek 都能提供即时编程支持，让你摆脱低效。

第二章

DeepSeek
的高级玩法

　　前面我们学习了 DeepSeek 是什么、它的核心能力、基础应用，及其基本操作。如果你已经成功注册了 DeepSeek ，并且尝试过输入指令，让 AI 帮你写文章、翻译文本或者写代码，那么恭喜你，你已经迈出了使用 AI 的第一步！

　　但是，你可能会发现：

- AI 有时候给的答案不够精准。

- 虽然 AI 写出的文章质量还可以，但不太符合自己的风格。

- AI 能把用户要求的代码写出来，但不一定是最优解。

　　这里我就来教大家如何更深入地使用 DeepSeek，掌握其高级玩法。

如何让 DeepSeek 更"听话"

很多人第一次用 DeepSeek，发现 AI 生成的答案有时候很好，有时候很一般，这是为什么呢？

答案很简单，因为它需要清晰的指令。

如果你的问题模糊不清，DeepSeek 也会给你一个模棱两可的答案。

要让 DeepSeek 生成高质量的回答，你需要：

问题具体化：告诉它你要什么，不要什么。

拆分任务：复杂任务拆成几步，让它逐步完成。

设定角色：让它扮演特定身份，比如"你是一个资深市场营销专家"。

提供示例：给它一个参考，让它按照你的风格生成内容。

在自媒体领域，"流量"不是天上掉下来的，而是精心设计的结果。如果你想让 DeepSeek 帮你写出高流量的文案，简单地说"写个有流量的文案"是行不通的。你需要用"精准提问＋清晰指令＋有效示例"来引导 DeepSeek，才能得到真正有效的结果。

如果你只是简单地对 DeepSeek 说："给我写个好的文章标题"或者"来段吸引眼球的文案"，AI 很可能会给你一个中规中矩的答案，缺少爆款文案的亮点。正确做法是，明确内容框架、情感触点或目标人群。

问题要具体化，告诉 DeepSeek 你要什么、不要什么。

示例："帮我写一篇小红书的引流文案，目标是吸引 20~30 岁的年轻人，风格要带点幽默感，和李尚龙写'小人物的奋斗'类似。"

错误举例："写个高流量标题。"

优化后：

"写一个关于普通人用 AI 提高收入的话题，带有李尚龙式的逆袭故事的风格，目标是引发共鸣。"

数据整理与分析应用：
让 DeepSeek 帮你归纳信息

在信息过载的时代，DeepSeek 是你的"数据归纳员"，能快速从杂乱无章的文本、数据和会议记录中提炼出有价值的信息，帮你轻松完成数据报告、会议纪要和复杂文档归纳等任务。

（1）功能亮点

会议纪要：自动提炼会议中讨论的核心内容、决策要点和待办事项，让你不用再反复回听会议录音。

数据分析与报告生成：基于 Excel、CSV（逗号分隔值）数据，自动分析并生成结构化的可视化报告，包括趋势图、数据表和结论总结。

复杂信息整理：从文档、网页、电子邮件等信息源中抓取关键内容，去除冗余，提供易于理解的整理结果。

任务清单生成：通过整理资料和会议内容，为你生成清晰的任务清单和优先级安排。

（2）应用场景

会议纪要自动生成：适合频繁参加会议或头脑风暴的工作岗位，DeepSeek 能帮你总结讨论的重点，确保不会遗漏关键信息。

大数据归纳与分析：企业销售数据、市场分析数据等，DeepSeek 可快速分析趋势，生成数据驱动的洞察报告。

信息提炼与整合：当你需要从海量文档中提炼出核心观点时，DeepSeek 能帮你省去筛选和对比的烦琐步骤。

多来源整合报告：自动将不同数据源（Excel、文档、邮件等）汇总为统一格式的分析结果。

（3）示例指令与效果

指令 1："帮我总结一下这场项目会议的要点和待办事项。"

原始输入：（AI 会处理会议录音、文本记录等）

会议内容概述：讨论了新产品的开发进度、市场营销策略以及团队需要解决的技术问题。

AI 自动生成会议纪要示例：

会议纪要

时间：2025 年 1 月 29 日

参与人员：项目经理、技术负责人、市场负责人

主要讨论内容：

- 产品开发进度汇报（当前完成率：60%）

- 下季度市场推广计划

- 新增技术问题汇总及负责人分配

决策事项：

- 确定新产品上线时间为 4 月

- 推广活动初步预算定为 50 万元

- 修复技术问题的优先级安排

待办任务：

- 技术团队一周内提供问题解决方案

- 市场部门完成广告文案初稿

指令 2："请根据这份 Excel 销售数据生成季度分析报告。"

原始数据：Excel 文件包含产品名称、销售额、季度增长率

等多列数据。

AI 生成报告示例：

季度销售分析报告

总销售额：本季度销售额达 500 万元，同比增长 15%。

最佳销售产品：智能手表 X1，占总销售额的 35%。

主要趋势：东部市场增速最快，同比增长 25%。

面临的挑战：西部市场增长放缓，需加强当地品牌宣传。

（报告自动包含数据图表，例如条形图、折线图等，便于可视化理解。）

指令 3："从这堆技术文档中提取出与数据安全相关的重要内容。"

AI 整理结果：

- 数据加密是确保客户隐私的核心措施。

- 系统日志需定期审查，以检测潜在入侵风险。

- 多因素认证被推荐用于用户数据访问权限管理。

（AI 自动过滤无关内容，只保留关键点。）

（4）扩展功能推荐

大规模数据匹配：DeepSeek 将不同的数据源进行对比与整合，生成交叉分析报告。

自动生成数据可视化：DeepSeek 根据数据自动生成可视化图表，包括饼图、折线图和热图。

智能提醒与推送：当新数据或会议进行更新时，DeepSeek 可推送关键提醒，方便你随时了解进展。

无论是企业决策、项目管理，还是日常任务跟踪，DeepSeek 都能帮你把繁杂的信息整理成有用的行动指南，让你的工作更高效、更有条理。

数据分析：DeepSeek 帮你轻松搞定数据分析和报告

DeepSeek 不仅能帮你处理简单的数据任务，还能完成从销售趋势分析、数据可视化到生成商业报告等复杂工作。对于日常 Excel 处理、市场研究、企业数据决策，它都是一个得力助手。

（1）功能亮点

销售数据趋势分析：识别关键增长点、季节性波动和市场潜力，生成可视化报告。

财务报表分析：自动分析企业利润、成本构成，帮助做出数据驱动的决策。

市场分析：基于现有数据，找出客户需求变化、产品表现以及竞争优势。

数据整理与清洗：将杂乱的数据整理为结构化格式，并去除冗余或异常值。

（2）案例 1：分析 Excel 销售数据，生成趋势报告

场景描述：你有一份 Excel 文件，包含过去两年的产品销售数据，想知道哪些产品增长最快、哪个季度表现最突出。

指令示例："我有一份 Excel 数据，里面是 2023 年到 2024 年的销售数据。请帮我分析销售趋势，并总结关键增长点。"

AI 结果示例：

销售趋势分析报告

总销售额趋势：2024 年总销售额同比增长 18%，主要增长来自第四季度的促销活动。

关键增长点：

- 产品 X：在电商渠道增长 35%，贡献了整体增长的 50%。

- 地区分析：东部市场增长 22%，是增长最快的地区。

- 节日促销：双十一和圣诞节期间的销量占全年的 40%。

推荐策略：

- 增加针对东部市场的广告投放预算。
- 扩大第四季度促销活动，并引入会员折扣策略。

可视化结果：DeepSeek 自动生成的折线图、柱状图，帮助你直观了解不同的产品和地区的表现。

（3）案例 2：财务数据分析，自动生成可视化报表

场景描述：你需要分析公司的季度利润和成本数据，找出盈利的因素。

指令示例："我有一份季度财务数据，包括收入、成本、利润等字段，请帮我分析影响盈利的关键因素，并用图表展示。"

AI 结果示例：

财务分析报告

总利润情况：

- 第一季度利润率为 25%，但第二季度下降到 18%。
- 成本上升是主要原因，特别是原材料成本上涨 15%。

关键影响因素：

- 原材料成本：由于供应链不稳定，导致生产成本大幅上升。

- 营销费用：在新市场的广告投入增加，但转化率较低。

AI 生成图表：

- 利润与成本的季度趋势图。

- 原材料与广告投入占比的饼状图。

推荐策略：

- 优化供应链，考虑本地供应商以减少物流成本。

- 重新评估新市场广告策略，优先集中资源于高转化渠道。

商业应用：DeepSeek，市场营销的必备武器

在商业竞争日益激烈的时代，市场营销已经成为决定企业成败的关键环节。一个好的市场营销策略不仅能精准触达目标用户，还能直接推动销售增长，甚至塑造品牌长期价值。然而，在这个讲究速度与创意的领域，落后一步就可能错失市场机会。

DeepSeek 正是帮助你快速、精准、高效执行营销任务的利器。从市场研究、品牌策划、社交媒体运营到广告文案、营销策略制定，它都能为你提供有力支持，成为企业提升营销能力的秘密武器。

无论你是策划一场大规模的品牌活动，还是需要为小红书、抖音等社交平台生成引流内容，DeepSeek 都能帮你快速生成实用的方案，让你在营销战场上始终快人一步。

（1）功能亮点

市场研究报告：快速获取多维度的市场洞察，包括消费者行为、行业趋势、竞品分析等，为决策提供科学依据。

品牌文案与广告创意：生成具有吸引力的品牌故事、产品广告语和社交平台文案，让你的内容更具传播力。

营销策略建议：根据你的产品特点、目标市场和预算，DeepSeek 自动生成具体的营销方案，比如线上线下联动策略、短期引流计划等。

（2）DeepSeek 如何助力企业高效营销

降低营销成本：传统市场调研和文案创作需要花费大量时间和人力，而 DeepSeek 能快速完成，节省资源。

提升内容质量：精准分析用户需求，生成符合平台特性的创意内容，帮助品牌更容易破圈。

实时调整策略：根据最新数据，DeepSeek 能随时优化营销策略，让你的推广活动更具效果。

总之，市场营销的本质是对用户心智的争夺，而 DeepSeek 就是让你在这场竞争中更快、更准、更有创意的利器。无论你是首席执行官还是市场部负责人，懂得用 AI 赋能营销，才能抓住未来的商业机会。

（3）案例 1：生成一份市场研究报告

场景描述：你需要准备一份关于 2024 年短视频营销趋势的研究报告，用于市场分析和团队汇报。

指令示例："请帮我写一份关于 2024 年短视频营销趋势的市场研究报告，目标市场是中国，字数 1000 字。"

AI 结果示例：

2024 年中国短视频营销趋势研究报告

趋势 1：品牌与用户共创内容

用户生成内容（ser-Generated Content，简称 UGC）正成为短视频平台的主流趋势，品牌通过鼓励用户参与挑战、分享体验，提升用户黏性。例如，抖音"全民挑战赛"成为品牌推广的重要工具。

趋势 2：AI 个性化推荐

短视频平台利用 AI 算法分析用户行为，为其推荐定制化内容。这不仅增加了用户停留时间，也帮助品牌精准触达目标受众。

趋势 3：直播短视频一体化

2024 年，直播与短视频的结合将更加紧密，品牌可通过短视频引流到直播间，完成转化。

数据支持：

- 2023 年中国短视频广告市场规模已达 3000 亿元人民币，同比增长 25%。

- 45% 的用户表示，他们在观看短视频时会主动点击品牌链接或活动页面。

结论与建议：品牌应重点投资 AI 个性化营销、UGC 活动和直播互动，以实现最大化用户覆盖和转化。

（4）案例 2：AI 帮你做社交媒体营销

场景描述：你需要发布一条短视频，用于推广 "AI 提高工作效率" 的主题。

指令示例："帮我写一篇抖音短视频的文案，主题是如何用 AI 提高工作效率，风格要幽默风趣，带一点悬念。"

AI 生成示例文案：

标题："你还在手动整理 Excel？难怪工作效率低！"

文案内容：[开场画面] 镜头对准一堆混乱的文件桌，主人公愁眉苦脸，背景音乐略显焦虑。

[转场]AI 工具出现，画面突然变得清爽，自动化数据整理、邮件回复、PPT 生成迅速完成。

配音旁白："你有没有想过？ 每天你花在重复任务上的时间，可以让 AI 来搞定。整理表格？ AI 一秒完成。写报告？ AI 替你生成。今天的效率秘诀已经不再是加班，而是——用对 AI 工具！"

结尾悬念："还在等什么？ 关注我们，教你下载一个爆款 AI 工具！"

配文：评论区聊聊，你最想让 AI 帮你干什么？

结果：生成的文案既有情节设计，也能引发用户互动，符合抖音平台的传播逻辑。

（5）案例 3：品牌文案策划与广告语生成

场景描述：你在策划一款新产品的广告语，目标是吸引年轻用户，并突出产品特点。

指令示例："帮我写三条针对 20~30 岁年轻用户的品牌广告语，产品是一款 AI 学习助手。"

AI 生成示例广告语：

- "学得快，懂得多，AI 助手让学习变简单！"
- "你的 AI 私教，随时解锁新技能。"
- "跟上时代的步伐，用 AI 打造你的专属知识库。"

进一步扩展：根据产品定位，还可以生成长文案、宣传标语或搭配营销活动的文案。

5 使用 DeepSeek
轻松打造有层次感的流量文案

想写出既有故事又有情感共鸣的流量文案？DeepSeek 是你最好的创作搭档，但需要你用对方法。简单的一句指令效果可能有限，但如果你能学会拆解任务、设定场景、提供示例，它将帮你生成爆款文案，效果绝对超出预期。

（1）拆分任务——一步步引导 AI，让文案更有层次感

我的文案之所以抓人，是因为擅长用层次感讲故事——从故事引入到情感共鸣，再到反转结尾，每一步都精心安排。如果你想用 DeepSeek 达到类似效果，可以把写作任务拆解成几个步骤来完成。

故事背景：先让 AI 生成一个吸引人的开头，比如"讲一个

20 多岁女性在职场受挫但逆袭的故事"。

情节转折与共鸣：接着，指示 AI 描述她如何在 AI 的帮助下找回信心并实现逆袭，引起读者的情感共鸣。

标题与结尾：最后，让 AI 根据内容生成一个吸引眼球的标题，比如"逆风翻盘，从 AI 中找到的第二人生"。

优化指令示例："先讲一个普通人职场失败的故事，引发共鸣；再描述如何通过 AI 实现逆袭；最后总结全文，生成标题。"

错误示例："写一篇有流量的职场文案。"（太宽泛，难以得到有层次感的内容）

（2）设定角色——让 AI 扮演特定身份，文案更符合需求

DeepSeek 的另一大优势是可以根据不同的角色需求调整语言风格、语气和逻辑。如果你想要跟我的风格类似的流量文案，可以让 AI 扮演一个"励志作家"或"小红书 KOL（关键意见领袖）"，效果会更贴合目标平台和读者群。

示例指令："你是一个擅长写励志故事的小红书达人，模仿李尚龙的叙述风格，写一篇关于用 AI 改变人生的小红书文案。"

错误示例："写一段关于 AI 帮助人逆袭的文案。"（没有

设定身份，AI 可能无法抓住平台特点）

优化指令示例："你是一个小红书 KOL，专注分享普通人的逆袭故事，用李尚龙的叙述风格写一篇关于 AI 如何改变命运的小故事。"

（3）提供示例——用真实文案给 AI 参考，效果事半功倍

我的文案成功之处在于有情感共鸣和真实细节，给人一种"这就是我身边人"的感觉。你可以提供几段示例文案，让 DeepSeek 模仿这种风格进行创作。

示例指令："请模仿下面这段文案的风格，写一个类似的故事。"

示例文案："小王只是个普通的上班族，日复一日地被同样的生活困住，直到他用 AI 找到通过副业赚钱的机会，一年后收入翻倍。他说：'我以为 AI 只是个工具，后来发现它改变了我整个人生。'"

优化指令示例："模仿上面李尚龙式的故事结构，写一个普通人如何用 AI 改变人生的案例。"

错误示例："写一段 AI 改变人生的文案。"（过于简单，

AI 无法抓住细节和情感）

总之，用对方法，DeepSeek 就能成为你打造"流量爆款"的最佳助手。

（1）任务拆解：将复杂的写作任务分成几步，引导 DeepSeek 分阶段输出有层次的内容。

（2）设定角色：告诉 DeepSeek 它要扮演什么身份，比如"市场专家"或"励志作家"，让它更好地进入状态。

（3）提供示例：用真实的文案示例引导 DeepSeek 模仿，确保输出的内容既能引起共鸣又接地气。

具体化需求：明确告诉 DeepSeek 你需要什么风格、目标和平台，不要泛泛而问。

（4）案例实操：用 DeepSeek 提供精准答案，打造流量爆款

想要让 DeepSeek 给出真正有价值、能带来流量的答案?

DeepSeek 可以帮你轻松实现，但前提是你需要懂得如何提问。普通的提问很难引导 AI 深入思考，但如果你能在问题中明确场景、需求、关键点，DeepSeek 将会给你提供超出预期的结果。

▶▶ 案例 1：生成市场分析

以电商行业为例。

普通指令（不够精准）："请帮我分析电商行业的趋势。"

结果可能是内容泛泛而谈，比如"电商增长迅速""各大平台竞争激烈"，缺乏深度和关键数据支持。

优化后的指令（更精准）：

"请以 2024 年中国市场为背景，分析电商行业的发展趋势。重点关注以下方面：
- 直播电商、社交电商的影响力。
- AI 在电商中的应用（如智能推荐、库存管理等）。
- 提供关键数据或案例支持。"

DeepSeek 为什么能生成更好的结果？
- 有明确的市场范围（2024 年中国）。
- 有清晰的分析角度（直播、社交电商、AI 技术）。
- 要求数据支持，结果更具体、有说服力。

输出示例：

- 2024 年电商市场格局演变：AI 驱动的精准推荐成为用户购物体验的关键，直播电商继续爆发式增长……

- 实际数据引用：2024 年，某头部电商平台直播销售额同比增长 35%，AI 库存管理帮助品牌商减少 20% 供应链成本。

▶▶ 案例 2：写社交媒体文案

普通指令（不够精准）："帮我写个产品推广文案。"

结果可能是普通广告语，缺乏吸引力和针对性。

优化后的指令（更精准）："你是一位专业品牌文案策划师，现在帮我写一篇适合小红书的护肤品推广文案，目标受众是 18~25 岁的女性，风格轻松、幽默。"

DeepSeek 会怎么做？

- 符合小红书特有的轻松互动风格。

- 通过故事或幽默切入，减少生硬的广告感。

- 根据受众需求定制内容，吸引年轻用户。

输出示例：

"熬夜女孩的救星！昨晚追剧到凌晨，今天肌肤还想'续命'？别担心，这款小众护肤神器用 AI 科技锁水修护，熬夜脸秒变水嫩少女肌！"

▶▶ 案例引申：如何用 DeepSeek 优化自媒体选题

普通指令（不精准）："帮我写一篇关于 AI 在生活中应用的小红书文案。"

DeepSeek 可能会生成很普通的文案，比如"AI 能帮你学习、工作和娱乐"，没有新意，流量也自然不高。

优化后的指令（更精准）："你是一个自媒体达人，帮我写一篇小红书文案，目标人群是 20~30 岁的年轻上班族，主题是'AI 在副业中的应用'。内容主要包含以下几点：

- 吸引眼球的开头故事（可以是逆袭案例）。
- 具体的副业机会（如写作、带货、短视频制作）。
- 结尾要有号召力，引导用户参与讨论。"

DeepSeek 为什么能给出更好的文案？

- 指定了目标受众（20~30 岁的上班族）。
- 明确了文章结构（开头故事＋副业机会＋号召引导）。
- 内容有针对性，容易引发共鸣和互动。

输出示例：

"90 后"普通女性如何用 AI 赚到第一个 10 万元

开头故事：

小李是一名普通的公司职员，薪资平平。她通过 AI 工具来写作，运营小红书，一年内副业收入超过主业！她说："AI 不是工具，是我人生的转折点。"

副业机会推荐：

- 用 AI 写作助手接单短篇故事。
- 用 AI 剪辑工具制作短视频。
- 用 AI 选品助手带货。

结尾引导：

"你的副业机会在哪里？ AI 可以帮你发现更多可能！"

▶▶ 小结

明确提问场景：告诉 AI 具体的应用场景和目标，不要泛泛而问。

优化指令结构：将需求分步骤拆解，帮助 AI 理解关键任务。

引导 AI 深入思考：通过提供目标受众、风格、关键细节等，让 AI 生成符合需求的高质量内容。

总之，用好 DeepSeek，它会成为你手中的"精准创意机器"。

3 代码开发：DeepSeek Coder，你的智能编程助手

DeepSeek Coder 是专为程序员和开发者打造的代码助手，支持多种语言（Python、JavaScript、C++ 等），不仅能自动生成代码，还可以优化代码性能、修复 Bug，大大提高开发效率，特别适合初学者和资深开发者在日常工作中的不同需求。

（1）功能亮点

自动生成代码：你只需提出需求，DeepSeek Coder 就能生成完整的代码片段或模块。

代码优化：检查现有代码中的性能瓶颈，提供更高效的解决方案。

Bug 修复与调试：快速找到代码中的错误并给出修复建议。

跨语言转换：可以将代码从一种语言自动转化为另一种语

言，例如从 Python 转到 Java。

（2）案例 1：自动生成 Python 爬虫代码

场景描述：你需要一个爬虫程序来自动抓取新闻，但不确定从哪里开始写代码。

指令示例："请用 Python 语言写一个爬取某网站最新新闻的爬虫。"

AI 结果示例：

```python
复制编辑
import requests
from bs4 import BeautifulSoup
def get_latest_news(url):
    response = requests.get(url)
    if response.status_code == 200:
        soup = BeautifulSoup(response.content, 'html.parser')
        # 假设新闻标题在 <h2> 标签中
        news_titles = soup.find_all('h2')
```

```
    print(" 最新新闻标题：")
    for title in news_titles[:5]: # 只显示前 5 条新闻
        print(title.get_text())
else:
    print(f" 请求失败，状态码：{response.status_code}")


# 调用函数
get_latest_news('https://example-news-website.com')
```

（需要在一定环境下运行）

以上代码，AI 自动生成了一个简单、直接、可运行的爬虫程序，并考虑了基本错误处理。你只需根据网站结构调整部分标签定位即可使用。

（3）案例 2：优化已有代码，提升执行效率

场景描述：你编写了一段代码，但运行速度很慢，想要提高性能。

指令示例："以下是我的 Python 代码，它运行得很慢，请优化代码，提高执行效率。"（然后粘贴代码）

示例原代码：

python

复制编辑

```python
nums = [i for i in range(1000000)]
squares = []
for num in nums:
    squares.append(num**2)
```

AI 优化结果：

python

复制编辑

```python
nums = [i for i in range(1000000)]
squares = [num**2 for num in nums] # 使用列表推导式提高效率
```

优化建议：

• 列表推导式比传统的 for 循环更高效，因为它在底层做了性能优化，适合大规模数据处理。

• AI 还会告诉你，这种方法在执行上可节省 30% 以上的运行时间。

（4）案例 3：自动修复 Bug

场景描述：你在运行程序时遇到错误，提示"IndexError: list index out of range"，但找不到具体原因。

指令示例："请帮我修复这段 Python 代码中的错误。"（粘贴出错代码）

示例原代码：

python
复制编辑
```
my_list = [1, 2, 3, 4]
print(my_list[4])  # 访问越界索引
```

AI 修复结果：

python
复制编辑
```
my_list = [1, 2, 3, 4]
if len(my_list) > 4:
    print(my_list[4])
```

```
else:
    print(" 索引超出范围，请检查列表长度。")
```

以上代码，AI 检测并修复了索引越界的问题，通过添加条件判断避免程序崩溃，同时给出调试建议。

（5）案例 4：跨语言代码转换

场景描述：你有一段 Python 代码，需要将其转换为 Java 版本。

指令示例：　"请将下面的 Python 函数转换成 Java 代码。"

Python 原代码：

python

复制编辑

```
def greet(name):
    return f"Hello, {name}!"
```

AI 生成的 Java 代码：

java

复制编辑

```java
public class Greet {

    public static String greet(String name) {

        return "Hello, " + name + "!";

    }


    public static void main(String[] args) {

        System.out.println(greet("Alice"));

    }

}
```

更多扩展功能：

- 自动化测试主要是根据需求自动生成单元测试用例，确保代码稳定性。

- 安全漏洞检测主要是检查代码中的安全隐患（如 SQL 注入、未处理的异常等），并提供修复建议。

- 代码文档生成主要是自动为函数、类和模块生成注释，方便团队协作。

第三章

DeepSeek
的深度定制
与高效协作

到目前为止，我们已经学习了 DeepSeek 的基础操作，也掌握了一些高级玩法，比如写作、翻译、代码生成、数据分析等。

但是，你可能会问：

- DeepSeek 可以更符合我的需求吗？

- 如果我想把 AI 整合到团队协作工具里，应该怎么做？

- 有没有更高阶的玩法，比如 API 调用？

答案是：可以。

下面我们就来探索 DeepSeek 的"深度定制"玩法，让 AI 真正变成你的私人助手，甚至能与你的团队、工具无缝协作。

如何定制 DeepSeek 的
工作方式

很多时候，你会发现与 AI 的对话越多，它就越能精准理解你需要什么。你甚至可以"反向提问"："在和我这么多次沟通中，你最了解我哪些习惯或需求，是我自己都没意识到的？"

这个问题不仅能让 AI 给出意想不到的反馈，还能帮助你发现潜在的优化方向，充分利用 AI 提升效率。

(1) 设定长期记忆，让 AI 记住你的需求

和人类助手一样，AI 可以通过长期记忆逐渐熟悉你的工作方式、职业需求和偏好，避免每次重复输入同样的信息。想象一下，如果 AI 一开始就知道你的背景、常用语言风格、偏好的解决方案，那么它在接下来的回答中就会更贴近你的需求。

▶▶ 为什么长期记忆很重要

减少重复输入：你不需要每次对话都告诉它你是做什么的、喜欢什么风格。

更贴合你的需求：AI 会根据你提供的背景信息，生成更有针对性的答案。

个性化理解：越多的互动会让 AI 越了解你的工作模式，甚至可以提前预判你想要的东西。

▶▶ 你可以让 AI 记住什么

①你的职业和工作背景

例如："我是一名市场营销顾问，主要负责品牌推广和客户分析。"

②你的行业和领域

例如："我的工作行业是科技领域，我特别关注短视频平台的营销趋势。"

③你的风格偏好

例如："我喜欢简单直白的回答，少用专业术语。""如果涉及市场数据，请提供相关的图表或示例。"

④长期目标或项目

例如："请记住，我的长期目标是提升品牌在抖音和小红书上的影响力。"

（2）哪些东西不要让 AI 记住

虽然 AI 能通过长期记忆给你提供更精准、更个性化的回答，但我们也需要注意到，有些信息涉及隐私或敏感内容，不宜让 AI 存储或记录，尤其是当孩子使用的时候。下面列出一些你需要慎重对待、最好不要提供给 AI 的信息。

个人敏感信息：

- 身份证号、护照号、社会保险号
- 银行卡号、密码、账户信息
- 医疗记录、体检报告等健康数据

这些信息一旦泄露，可能被黑客或不安全的平台利用，从而带来财产和隐私风险。

公司机密和商业敏感信息：

- 公司内部财务数据（利润、预算、销售额）
- 核心竞争策略、未公开的商业计划
- 与客户、合作伙伴签订的保密合同内容

涉及公司内部机密的内容一旦外泄，可能对公司造成严重的损失。

个人的隐私生活：

- 家庭住址、个人行程安排

- 亲密关系、私人感情生活

- 与朋友或家人的聊天内容

这些涉及个人隐私的信息可能会被不法分子利用，导致人身和财产风险。

政治或法律敏感信息：

- 政治立场或敏感话题的详细讨论

- 涉及法律纠纷、案件相关的私人信息

- 涉及国防、国家机密等特殊领域的信息

这些敏感内容可能会引发误解、法律风险或安全问题，特别是在一些严格监管的领域。

带有私人情绪或负面评价的信息：

- 对同事、上司、合作伙伴的负面评价

- 过于私人化的情绪或压力宣泄

- 未经过深思熟虑的观点或评论

这些负面情绪或负面内容一旦被记录，可能会在后面的生活中被 AI 误用。

如何保护你的隐私？

使用安全平台：确保你使用的 AI 平台具备数据加密和隐私

保护措施。

定期清理数据：定期删除 AI 存储的历史记录，降低信息被泄露的风险。

个性化回答固然重要，但保护隐私更重要。在使用 AI 时，懂得取舍、谨慎分享，让 AI 成为你的"助手"，而不是"风险"。

（3）如何操作 DeepSeek 的长期记忆

DeepSeek 是通过"记住并理解你的需求"来提高回答的精准度。它背后的逻辑很简单——当你在对话框中输入信息时，AI 会将这些信息存储到它的"长期记忆系统"中，类似于人类大脑的"长期记忆区"。下次当你提出新问题时，AI 会自动参考这些记忆内容来调整答案，让回答更贴近你的实际需求。

▶▶ 操作步骤简单明了

- 进入 DeepSeek 界面。
- 输入你希望 DeepSeek 记住的背景信息或需求指令。
- 按回车键，开始使用。

示例指令："请记住，我是一名市场营销顾问，我需要你提供商业分析、品牌推广策略、社交媒体文案建议。"

➤➤ AI 长期记忆背后的技术解释

DeepSeek 会将你输入的指令存入它的"长期记忆存储模块"，这个模块的原理类似于数据库中的"用户偏好数据表"。当你输入问题时，AI 会通过"背景匹配算法"扫描它的长期记忆，将你的需求和问题进行"语义关联"，然后根据你提供的上下文信息生成更有针对性的回答。

简单来说，它就像一个"智能助理"，一边学习你的习惯，一边优化它的服务。

①示例效果

你提问："帮我分析一下 2025 年的短视频营销趋势。"

AI 回答优化示例：

"作为一名市场营销顾问，我建议你特别关注以下几点：

AI 推荐算法在短视频中的应用。未来用户喜欢什么，AI 可以提前捕捉，帮助品牌更精准投放广告。

用户生成内容（UGC）的互动策略。鼓励用户参与内容创作是保持品牌热度的重要手段。

直播带货的整合营销。短视频和直播的联动效应将在 2025 年持续增长，建议探索多平台联动策略。"

②技术解析：AI 如何根据你提供的背景优化回答

当你输入问题时，AI 的"上下文处理器"会做三件事：

背景扫描：它会扫描之前存储的"长期记忆"，判断你是"市场营销顾问"，并提取相关信息，比如你关注品牌推广、社交媒体等领域。

语义关联：它通过"语义匹配模型"将你的问题（短视频营销趋势）与之前的记忆关联起来，分析哪些营销领域与你的需求最匹配。

结果优化：它结合当前的问题和你之前的背景信息，生成更有针对性、符合你的职业需求的回答。比如直接推荐短视频的最新 AI 应用和整合营销策略，而不是泛泛而谈。

▶▶ 为什么长期记忆能显著提高效率

无须重复输入：无须每次输入问题时都解释你的背景，AI 会自动记住并优化。

提升回答精准度：AI 会根据你的职业和需求，筛选出更相关的答案。

节省时间：不用再筛选大篇幅的回答，AI 会直接告诉你最有用的信息。

例如：如果你是一名市场营销顾问，AI 不会给你"短视频基础介绍"，而是直接输出市场策略、用户增长方法和行业趋势。

▶▶ 扩展应用场景

创作者或博主：记住你的文案风格、目标受众等，AI 能直接生成符合你的品牌调性的内容。

示例：记住"我的目标用户是 18~25 岁的女性，喜欢轻松幽默的风格"，AI 会自动调整小红书或抖音文案的语气和风格。

学生或研究者：记住你研究的领域、专业术语，AI 会在回答学术问题时自动引用相关术语或推荐学术资源。

示例：记住"我研究的是 AI 在医疗领域的应用"，再提问时，AI 会根据你的领域提供更专业的分析和参考文献。

企业管理者：记住你关注的 KPI（Key Performance Indicator，关键绩效指标）、市场数据、目标用户等，AI 会在回答商业问题时自动筛选出对你有帮助的数据。

示例：记住"我们正在进行市场拓展，目标用户是我国北方地区 18~35 岁的年轻消费者"，AI 会自动优化推广策略的建议。

通过长期记忆功能，AI 不只是简单回答问题，而是逐步"了解你、熟悉你"，让每一次回答都更有深度、更贴近你的实际需求。使用好这个功能，你可以彻底告别"泛泛而谈"，让 AI 成为你高效工作的得力助手。

（4）自定义指令与个性化回答

AI 不仅能通过长期记忆了解你的背景和需求，还能通过个性化指令和风格模仿，让它变得更像你的分身。无论你需要严谨的学术报告、幽默的社交媒体文案，还是精炼的商业分析，它都能快速适配，减少沟通和修改的时间。

可以定制的部分是：

▶▶ 回答风格

正式风格：适合学术或商务场合。

轻松幽默：适合小红书、抖音等社交媒体。

逻辑严谨：适合复杂的问题或技术分析。

▶▶ 回答方式

详细讲解：层层剖析，适合新手或需要深度理解的场合。

简洁总结：适合时间有限，需快速获取答案的场景。

逐步拆解：将复杂的问题分解为易懂的步骤。

▶▶ 专业度要求

学术型：提供严谨的数据、文献支持。

生活实用型：结合实际场景给出简单易行的建议。

行业专家型：针对具体行业提供深度分析和建议。

▶▶ 示例指令

· "请你用轻松幽默的风格回答我的问题，但保证内容有深度。"

· "请用 3 点总结的方式回答，不要超过 100 字。"

· "回答市场营销问题时，请提供实际案例。"

AI 会根据你的指令自动调整回答风格，让你快速获得符合需求的内容。

DeepSeek，
让团队效率翻倍

如果你是团队管理者、自由职业者或者公司员工，可以把DeepSeek 当作一个"虚拟助理"，因为它可以帮助你优化团队协作，提升工作效率。

节省时间：你不需要手动整理会议笔记或发送通知，AI 帮你自动完成。

减少错误：AI 自动生成内容，不容易遗漏或出错。

智能任务分配：AI 根据团队成员的技能、角色和历史任务完成情况，提供任务分配建议，帮助团队优化工作流程。

（1）Notion：帮你整理文档，自动生成笔记

Notion 是团队知识管理和笔记工具，但手动整理大段会议记录、文档笔记会耗费大量时间。DeepSeek 可以帮你自动提炼要点，

快速生成总结，让笔记更直观、简洁。

示例指令 1："请将这段会议记录整理成 3 个核心要点和 3 条待办事项。"

输入的会议记录：

• 讨论了新产品开发计划，确定了 UI 设计、市场推广策略和预算安排。

• 张三负责 UI 设计，李四负责市场调查。

• 下周一需要提交初稿设计。

• 提到了一些潜在的市场合作机会。

AI 生成笔记示例：

会议要点总结

• 新产品 UI 设计、市场推广策略已确定。

• 负责人员：张三（UI 设计）、李四（市场调查）。

• 初稿提交时间：下周一。

待办事项

• 张三：UI 设计初稿

• 李四：完成市场调研并提交报告

• 李五：跟进潜在合作伙伴

示例指令 2："帮我总结这篇 1000 字的文档，生成一段 100 字的简介。"

AI 会根据指令提炼出文档的核心内容，生成清晰的摘要，让你快速掌握重点。

（2）Slack：作为团队聊天机器人，随时解答问题或发通知

Slack 是团队沟通的重要平台，但烦琐的日常通知、重复性问题会占用大量时间。DeepSeek 可以帮你创建并设置 Slack 聊天机器人，帮助你自动发送提醒、解答团队问题。

示例指令 1："请帮我写一封 Slack 通知，提醒团队明天下午 3 点开会。"

通知示例：

会议通知

大家好，明天下午 3 点将在会议室 A 举行产品开发讨论会，请按时参加并准备好相关材料。

附：会议链接、议题清单

示例指令 2："帮我在 Slack 中回复团队成员的提问：'如何用 AI 工具提高工作效率？'"

回复示例：

大家好，可以尝试使用以下方法来提升工作效率：

- DeepSeek 生成文档总结、自动整理数据。
- 使用 AI 工具优化代码、生成自动化报告。
- 在协作工具中集成 AI，节省团队分配任务的时间。

小技巧：可以在 Slack 中为 AI 创建一个固定的"帮手频道"，团队成员随时提问，AI 自动解答。

（3）Trello：帮你生成任务清单，自动分配任务

Trello 是常用的项目管理工具，但手动分配任务、撰写说明可能比较烦琐。DeepSeek 可以在 Trello 中通过集成的方式提供智能辅助，按指令生成任务清单，将任务智能分配给不同的成员，并附上截止日期和优先级。

示例指令 1："请根据这段会议记录生成一张任务列表，并分配任务。"

输入的会议要点：

- 产品 UI 设计需在两周内完成。
- 市场调研需下周提交报告。
- 文案团队负责推广方案。

示例：

任务 1：UI 设计初稿

负责人：张三

截止日期：2 周内

优先级：高

任务 2：市场调研

负责人：李四

截止日期：1 周内

优先级：高

任务 3：推广方案文案

负责人：王五

截止日期：3 周内

优先级：中

（4）MidJourney：文案与视觉联动，打造爆款品牌内容

DeepSeek 负责生成营销文案，而 MidJourney 负责根据文案提示生成配套的视觉内容，形成高效的创意流程，快速生成引流文案与视觉海报，助力品牌打破创意瓶颈。

▶▶ 合作场景示例 1：社交媒体广告

①用 DeepSeek 生成社交媒体文案

示例指令："帮我生成一篇关于 AI 科技产品的小红书文案，目标人群是 18~25 岁的年轻女性，风格轻松有趣。"

AI 文案示例："超未来科技！新一代 AI 智能设备解放双手，边煮咖啡边完成任务，真正让你生活效率翻倍！"

②用 MidJourney 生成配图

示例指令："生成一张关于 AI 科技生活的配图，画面内容包括咖啡机、智能助手、温暖的室内环境。"

视觉示例：一张极具温馨感和科技感的图片，配合文案在小红书或抖音上发布，以吸引更多流量。

▶▶ 合作场景示例 2：品牌发布会创意

DeepSeek：生成发布会活动文案、邀请函和新闻稿。

MidJourney：制作发布会的视觉概念图、产品展示图片、现场宣传材料。

效果：视觉和文案协调统一，品牌形象一致性更强。

（5）Sora：数据驱动的精准市场策略

Sora 和 DeepSeek 的结合，可以从数据分析到策略生成，为企业提供精准的市场洞察与营销策略建议，适用于市场研究、产品定位、用户行为分析等场景。

▶▶ 合作场景示例 1：市场趋势分析报告

① Sora 结合公开市场数据和企业数据，生成市场洞察报告

示例指令："请分析 2024 年短视频平台在 18~25 岁的用户中的增长趋势，包括用户活跃度、内容偏好和平台分布。"

Sora 输出数据示例：

- 2024 年短视频用户增长 20%，Z 世代用户偏好娱乐和轻松幽默的内容。

- 某平台用户日均使用时长高于行业平均值 15%。

②用 DeepSeek 生成分析报告和营销策略

示例指令："根据 Sora 提供的数据，为品牌生成一份针对年轻用户的短视频平台营销策略。"

AI 输出示例：

短视频内容策略为优先考虑短节奏、有互动感的内容。

平台选择建议为重点投放于用户日均停留时间更长的平台。

KOL 合作策略为寻找擅长娱乐、话题轻松的达人进行联动推广。

▶▶ 合作场景示例 2：产品推广和消费者反馈分析

用 Sora 收集消费者反馈数据：分析用户对产品的评价、常见问题和关注点。

用 DeepSeek 撰写优化文案和改进建议：

- 生成有针对性的产品推广文案，突出用户反馈中提到的产品优势。

- 提出产品升级方案或用户引导策略，提高用户满意度。

示例指令："请帮我生成一份产品发布计划的任务清单，分为 3 个阶段。"

AI 生成示例任务清单：

阶段 1：前期准备

- 产品定价和包装设计
- 市场调研和用户访谈

阶段 2：营销推广

- 制订营销计划
- 设计社交媒体宣传材料

阶段 3：上线发布

- 安排上线时间
- 跟踪用户反馈和市场反应

总之，AI 在协作平台上有以下优势：

高效整理信息：生成会议纪要、文档总结，节省时间。

智能通知和提醒：自动发送会议通知、任务提醒，减少人工操作。

任务清单与分配：自动生成清单并分配任务，优化团队协作流程。

用一句话总结就是将 AI 整合到团队协作工具中，你可以大幅提升工作效率，让沟通、任务管理和信息整理更简单。

（1）如何将 AI 整合到工具中

Notion：在 Notion 中集成 AI 插件，或通过 API 接口调用 DeepSeek 提供的生成功能。

Slack：创建一个专属 AI 机器人，通过 Webhook（一种回调机制）或 AI 插件连接 Slack 频道，实时接收和响应指令。

Trello：在 Trello 中连接 AI 助手插件，或通过 Zapier 这样的自动化工具整合 DeepSeek 和 Trello。

（2）使用模板提高效率

针对常见任务（例如会议总结、任务分配、通知发送等），你可以创建 AI 指令模板，快速调用，无须每次重新输入。

DeepSeek API，
让开发者玩出新花样

　　DeepSeek 不只是一个"现成的 AI 工具"，它通过 API 接口，可以为开发者提供灵活的二次开发能力。无论你想构建智能客服系统、自动化数据分析工具，还是个性化推荐应用，DeepSeek API 都可以让 AI 成为你应用的一部分。

　　为什么要用 DeepSeek API？

　　灵活调用：你可以在自己的系统中调用 AI 功能，比如生成内容、回答用户提问、处理数据等。

　　自动化流程：用 API 让 AI 自动完成大量重复性任务，比如客户咨询、报告生成等。

　　定制化输出：根据你的需求，设定特定的风格、回答方式，甚至定制模型训练。

（1）DeepSeek API 能帮你做什么

智能客服系统：通过 API 调用，让 AI 自动处理客户的常见问题，比如下单、退款、产品使用指南等，24 小时全天候服务。

智能生成内容：用 AI 生成个性化的邮件、产品介绍、社交媒体文案等，大幅提升内容创作效率。

自动化数据整理与报告生成：AI 自动提取、分析数据，并生成简洁的报告，适用于商业分析、市场调研等场景。

（2）API 使用场景详解

▶▶ 场景 1：智能客服系统

问题：客户经常询问类似的问题，人工客服疲于应付，效率低下。

解决方案：用 DeepSeek API 创建一个自动回复系统，识别用户问题并生成相应的答案，帮助客户快速解决常见问题。

API 调用示例（Python）：

```python
复制编辑
import requests
```

```
url = "https://api.deepseek.com/v1/chat"

payload = {

    "model": "deepseek-chat",

    "messages": [{"role": "user", "content": " 如何退货？ "}]

}

response = requests.post(url, json=payload)

print(response.json())
```

AI 生成的回复示例：

您好，退货流程如下：

• 登录您的账户并选择 "我的订单"。

• 找到您想退货的订单，点击 "申请退货"。

• 填写退货原因并提交申请。

请注意，部分商品可能需要您承担退货运费。

扩展玩法：

　　• 你可以将这个回复功能集成到你的电商网站中，通过用户的提问自动显示 AI 生成的答案。

　　• 使用关键词触发机制，识别不同类型的用户需求（如 "退款""换货""物流"），精准分配 AI 回复。

▶▶ 场景 2：个性化内容生成（邮件、文案、推文等）

问题：你的市场团队需要经常写大量的推广文案、商务邮件和社交媒体推文。手工撰写不仅费时，还可能风格不统一。

解决方案：用 API 调用 DeepSeek，自动生成符合品牌语调的内容。

API 调用示例（Python）：

```python
复制编辑
import requests

url = "https://api.deepseek.com/v1/chat"
payload = {
    "model": "deepseek-chat",
    "messages": [
        {"role": "user", "content": " 请帮我写一封商务邮件,
邀请客户参加新品发布会 "}
    ]
```

```
}
response = requests.post(url, json=payload)
print(response.json())
```

AI 生成的商务邮件示例：

主题：诚邀您参加我们的新品发布会

正文：

尊敬的（客户姓名）：

您好！

我们诚挚邀请您参加（公司名称）于（日期）举办的新品发布会。本次发布会将展示最新的（产品类型），并有专属的试用体验和合作洽谈机会。

期待您的莅临！如有任何疑问，请随时与我们联系。

此致

（公司团队）

扩展玩法：

• 多语言支持：通过 API，AI 可以生成不同语言的邮件或文案，快速实现国际化。

· 品牌语调定制：你可以让 AI 模仿你的品牌语调，确保输出的内容一致。

▶▶ 场景 3：自动化报告生成与数据分析

问题：手动整理和分析数据费时费力，尤其在需要生成长期报告时，更是难以应付。

解决方案：用 DeepSeek API 自动提取、整理数据，并生成关键指标的分析报告。

API 调用示例（Python）：

```python
复制编辑
import requests

url = "https://api.deepseek.com/v1/chat"
payload = {
    "model": "deepseek-chat",
    "messages": [
        {"role": "user", "content": " 根据我提供的销售数据,
生成季度销售趋势分析报告 "}
```

```
    ],
    "attachments": [
        {"file": "path/to/sales_data.csv"}  # 附加数据文件
    ]
}
response = requests.post(url, json=payload)
print(response.json())
```

AI 生成的分析报告示例：

季度销售趋势报告

销售额趋势：本季度总销售额为 5000 万元，同比增长
15%。

关键产品表现：产品 A 销售额占总额的 30%，为本季度表现最好的产品。

区域表现：东部地区增长最快，同比增长 20%。

建议：

- 增加东部市场广告投放，进一步扩大市场份额。

- 针对表现较弱的产品，优化产品定价策略。

扩展玩法：

· 将 AI 生成的报告自动发送给相关负责人，减少手工整理数据的时间。

· 集成到商业智能系统中，让 AI 自动生成日报、周报、月报等。

DeepSeek 的进化之路

在极短时间内，DeepSeek 从一款新兴的开源大型语言模型迅速崛起，成为业内炙手可热的 AI 工具之一。它凭借低成本、高性能的训练架构和灵活的应用场景，不仅在中国市场火爆，也引起了众多硅谷科技公司的高度关注。

（1）DeepSeek 是如何火起来的

2023 年发布：DeepSeek 的首个版本在中国正式上线，凭借开源策略和突破性的性能，迅速吸引了各大科技公司和创业者的关注。

2024 年全球扩张：最新版本 DeepSeek-R1 凭借其媲美 GPT-4o 的性能和极低的训练成本，在北美、欧洲等市场迅速扩张，成为许多企业内部使用的 AI 工具。

2025 年大规模商业化：DeepSeek 通过集成更多行业专属的模块和第三方工具，正式进入市场营销、金融分析、内容创作等专业领域，成为各行业的"标配"工具。

（2）未来，DeepSeek 会变得更强大、更智能

随着 AI 技术的不断发展，DeepSeek 将在以下几个方向实现突破：

▶▶ 更强的记忆功能：成为真正的"长期助手"

DeepSeek 具备一定的记忆能力，能够在当前会话中保留上下文信息，并可通过 API 连接外部数据库，实现更长周期的个性化学习。

未来场景示例：

· 如果你是一名作家，DeepSeek 会记住你惯用的写作风格、叙述结构和素材库。等你下次创作时，它可以直接建议你引用过去的资料或段落。

· 如果你是市场营销顾问，它会记住你对某个行业、目标人群的研究结果，并在新项目中自动为你提供相关分析。

技术解释：DeepSeek 的长期记忆功能将通过多层次存储结构实现。其短期记忆用于处理当前任务，长期记忆则通过增量学

习机制动态调整 AI 对用户的理解，你使用越多，AI 越懂你。

▶▶ 更精准的行业模型：针对不同行业提供定制化解决方案

DeepSeek 会开发更精准的行业模型，满足不同行业的特定需求。

未来场景示例：

· 在金融行业，DeepSeek 可结合外部金融数据源（如彭博集团提供的 API 服务）分析市场趋势，并为金融分析师提供数据驱动的辅助决策，但不直接提供实时投资建议。

· 在医疗领域，通过医学领域的专属模型，DeepSeek 可辅助医生整理病例、生成医学报告摘要，并提供医学文献参考，但最终诊断和治疗方案必须由专业医生决定。

· 在教育行业，DeepSeek 将整合 AI 学习助手模块，帮助学生进行个性化学习，快速掌握复杂概念。

技术解释：DeepSeek 的行业模型将基于"细粒度领域适配"的理念开发，通过大规模行业数据训练和专家反馈优化，使其在不同领域中表现出更高的专业性和准确性。

▶▶ 更深度的 API 连接：与更多第三方工具无缝对接

未来的 DeepSeek 将支持更丰富的 API 连接，轻松集成到各种应用和工具中。

未来场景示例：

· 在企业管理系统中，DeepSeek 可以通过 API 自动生成项目计划、任务分配和进度跟踪报告。

· 在电商平台中，AI 能分析销售数据，预测用户需求，并自动生成个性化营销方案。

· 与 MidJourney 或 Runway 等视觉工具合作，直接将生成的文案与图片或视频同步输出，实现全流程自动化。

技术解释：DeepSeek 的 API 系统将采用模块化架构，允许开发者快速对接不同的工具和数据源，并通过跨平台任务调度实现多系统协同工作。

（3）AI 将成为每个人的"智能副手"

未来，AI 不只是一个工具，而是"全场景的智能副手"，融入每个人的日常生活和职业场景，帮助你创造更多价值、提升工作效率。

未来可能的应用场景：

· 作为日常生活助手，AI 会帮制订健身计划、推荐食谱、自动规划行程，成为无处不在的生活帮手。

· 作为创意与写作搭档，AI 能够根据你的草稿自动生成文章、小说大纲，甚至协助你润色。

　　· 作为企业智能顾问，从市场调研到数据分析，再到策略生成，AI 都能提供实时、动态的解决方案。

　　未来的深远影响：DeepSeek 将不只是一个"辅助工具"，而是你的"知识引擎"和"决策伙伴"，让每个人都能在 AI 的帮助下更快、更好地实现目标。

（4）DeepSeek 的未来愿景

　　更懂你：AI 通过长期记忆功能变成"真正了解你的私人助手"。

　　更专业：针对不同领域提供定制化解决方案，成为行业内不可或缺的工具。

　　更开放：支持与更多平台、工具无缝对接，打造跨系统的协同工作体验。

（5）实操任务：打造你的专属 AI 助手

　　今天的任务：

　　· 让 DeepSeek 记住你的需求（输入"请记住我的职业和

兴趣"）。

- 设定个性化回答方式（输入"请用简洁风格回答问题"）。

- 试着用 API 让 AI 处理某项任务（如果你懂编程，可以尝试 API 调用）。

第四章

解锁 DeepSeek
的 7 大使用技巧

在 AI 时代，写作和信息处理已不再只是"动笔"的事，而是关于如何高效组织信息和创意。作为当前极具潜力的 AI 写作助手之一，DeepSeek 正在重新定义这一过程。然而，许多人尚未完全掌握它的核心功能和独门技巧。这里我们将深入探讨 7 种高效使用 DeepSeek 的方法，带你从入门到精通，轻松驾驭 AI 写作，让它成为你的创意加速器和效率提升器。

灵活提示词：
释放思维，从模糊到清晰

核心理念：在普通 AI 写作工具中，用户往往需要用结构化的提示词才能获得高质量的输出，但 DeepSeek "听得懂"你的日常语言。只要你说出需求，它就能灵活调整输出，从灵感发散到逻辑整理，一步到位。

（1）普通用法 vs 深度用法

▶▶ 普通用法（传统 AI 工具）

提示词必须精准且具备清晰的逻辑结构，类似"命令式"输入。

提示词："生成一篇介绍 AI 历史的 500 字文章。"

▶▶ DeepSeek 深度用法

允许你用对话式或模糊性提问，无须刻意打磨提示词，像和朋友聊天一样，直接说出自己的灵感或困惑。

示例：

- "AI 是怎么发展的？用一个有趣的小故事介绍。"
- "最近看到大家讨论元宇宙，我该从什么角度入手写一篇入门文章？"

（2）场景 1：写作灵感不足时

你在写公众号科普文，但卡在了开头，想不到抓人眼球的方式。DeepSeek 可以根据模糊提示，给你多个可能的写作方向。

提示词："介绍未来职业发展趋势应该从哪些有趣的角度入手？帮我构思几段抓人眼球的开头。"

示例：

- "假如你的孩子长大后成了'情绪调节师'，这个职业是做什么的？"
- "2035 年，你可能会雇一名 AI 私人助理，它比你爸妈还懂你。"

（3）场景 2：复杂任务，直接提目标

你需要整理一份市场报告，包含用户反馈、销售数据和竞争分析。过去你可能要分多次输入具体问题，但现在你只需简单概括目标即可。

提示词："帮我写一份关于电动车市场 2025 年趋势的报告，包含用户需求、技术发展和市场竞争分析。"

效果：DeepSeek 能快速"猜出"你想要的重点，并生成包含多维信息的初稿，省去你手动分段输入的烦琐操作。

（4）场景 3：需要创意建议

你正在写一份小说大纲，需要 AI 帮助你设计一个充满悬念的情节。直接告诉 DeepSeek 你目前的思路，让它帮你补充或拓展。

提示词："我在写一本科幻小说，主角穿越到未来荒废的地球，帮我想出一个意外反转的情节。"

输出示例：

主角以为自己是最后一个幸存者，但偶然发现一座巨型图书馆，里面保存着失落文明的秘密，解密过程中发现还有人类活着的线索。

（5）快速对比示例

当你机械化输入："写一篇关于太空探索的文章，600 字。"
AI 输出的内容往往千篇一律，缺少创意和层次感。

你模糊提问："人类在太空探索过程中遇到过哪些奇怪的现象？帮我从中挑一个话题写一篇趣味文章。"

AI 输出更具吸引力，可能涉及外星信号、失联宇航员等引人入胜的情节。

DeepSeek 灵活提示词功能的核心价值在于降低门槛、释放思维、节省时间。你无须在提示词上花过多的精力，DeepSeek 会主动适应你的思路，帮助你从"灵感零散"到"条理清晰"一步到位。

小贴士

（1）大胆模糊，别害怕出错。DeepSeek 更像一个善解人意的助手，能从模糊的问题中提炼出清晰的答案。

（2）多提几个"灵感问题"。当你不知道如何下手时，可以让 DeepSeek 先列出几个思路或提纲，再从中挑选最适合的。

（3）探索不同风格的对话。如带有情感描述的提问："假如我是一个普通人，应该如何看待 AI 的崛起？"你会得到更具温度和情感化的输出。

5 核心公式：
精准提问，直击最佳输出

核心理念：当你告诉 AI 更多背景和目标时，它就像拥有"心灵感应"，能直接给你提供你最想要的结果。

核心公式："你是谁、要做什么、希望达到什么效果、担心什么"是使用 DeepSeek 的黄金秘诀，尤其适用于需要高质量、精准输出的场景。它能让 AI 根据你的特定需求调整语言、结构和风格，减少反复修改的时间。

（1）普通用法 vs 深度用法

▶▶ 普通用法（仅提供简单目标）

提示词："写一篇关于 AI 在教育中的应用。"

效果：生成的文章可能过于宽泛，涉及的内容层次不清晰，且难以契合特定读者的口味。

▶▶ 深度用法（用核心公式丰富背景）

提示词："我是一位中学教师，正在准备一篇关于 AI 如何帮助学生提高学习效率的文章。希望读者是中学生家长，文章要简洁有趣，担心用太多技术术语会让他们读不下去。"

效果：DeepSeek 会自动识别目标群体，调整语气和用词，输出一篇既生动又贴近家长需求的文章。

（2）场景 1：撰写专业报告

提示词："我是一位创业者，想写一份面向投资人的商业计划书，介绍我的 AI 教育产品。希望突出产品的市场潜力和竞争优势，同时担心数据部分可能过于技术化，投资人看不懂。"

DeepSeek 可能生成：内容结构包括产品介绍、市场数据、竞争优势、用户案例等，每部分都用简单的图表和易懂的语言呈现，确保投资人快速抓住重点。

（3）场景 2：公众号文章或科普文

提示词："我是一位科技博主，想写一篇关于未来汽车技术的文章。希望吸引年轻人，文章既要有前沿科技感，又不能太学术，担心用词过于枯燥。"

DeepSeek 可能生成：

- 开头以未来驾驶的沉浸式描述引人入胜。

- 中间用轻松幽默的语言介绍电动车和自动驾驶。

- 结尾提供一两个大胆预测，让读者产生"期待感"。

输出示例：

"想象一下，你坐在车里，手不碰方向盘，AI 已经帮你规划了最快捷、最安全的路线。这不是电影，而是 10 年内能实现的现实！"

（4）场景 3：电商或产品推广文案

提示词："我是一位品牌运营经理，正在撰写一篇宣传我们公司新款跑鞋的文案。我希望文案凸显舒适性和科技感，但担心技术描述会让用户感到生硬。"

DeepSeek 可能生成：

- 将枯燥的材料科技转化为"脚感故事"，例如，"穿上它的感觉像踏在云端"。

- 针对目标客户群调整文案风格，比如年轻运动爱好者和上班族的不同需求。

（5）公式细分讲解

你是谁：让 AI 了解你的身份、领域或职业背景，生成内容时能有更强的针对性和专业性。

要做什么：清楚说明目标任务，比如写科普文章、报告、广告文案等，便于 AI 定义输出的核心结构。

希望达到什么效果：明确你希望输出的文章语气、风格或读者群体。例如，正式、轻松、有趣、严肃等。

担心什么：告诉 AI 你最担心的地方，比如"内容太学术化""语言太枯燥"或"信息太笼统"，它会主动避免这些问题。

（6）快速对比示例

简单输入："写一篇关于 AI 对教育的影响的文章。"

输出示例：宽泛的 AI 应用，重点可能不清晰。

核心公式输入："我是一位教育研究者，正在撰写一篇讨论 AI 辅助学习的文章。目标是中学生和其家长，语言要简单有趣，担心技术术语会让他们失去兴趣。"

输出示例：结构清晰，重点突出，语言贴近目标读者。

通过"核心公式"提供的背景和细节，DeepSeek 可以让你的提示词变得更有目标感、更高效、更贴合需求，一次输入即可获得符合预期的输出，避免反复修改和调整，真正做到精准提问，事半功倍。

小贴士

（1）提供细节背景。信息越多，AI 越了解你的需求，尤其是身份和受众群体非常关键。

（2）用担忧优化输出。大胆说出你最不想要的结果，AI 会在生成时自动规避，比如"避免学术化"或"不要枯燥"。

（3）保存常用公式。将自己常用的"身份 - 目标 - 效果 - 顾虑"格式保存起来，类似"写作模板"，可以在不同的任务中快速复用。

让 DeepSeek 更"人化"：
通俗表达，复杂问题也能轻松解释

核心理念：很多人对AI生成的内容有一种"专业恐惧症"——太多术语、太过晦涩，读起来像是在啃论文。但DeepSeek打破了这一障碍，通过自然语言处理能力，可以将复杂的概念转化为通俗易懂的大白话，让知识轻松"飞入寻常百姓家"。

（1）普通用法 vs 深度用法

▶▶ 普通用法（缺乏情感化和通俗转化）
输入："解释机器学习。"
输出示例：

"机器学习是一种基于数据训练算法，通过模式识别进行预测和优化的技术。"

效果：专业性强，但对普通人不友好，理解门槛高。

▶▶ DeepSeek 深度用法（情境化 + 生活化类比）

输入："简单通俗地告诉我机器学习到底是怎么回事。"

输出示例：

"机器学习就像你教孩子认猫和狗，一开始孩子可能分不清，但看得多了，他就知道哪些是猫，哪些是狗。"

效果：直观、生动，让人一听就懂。

（2）场景 1：科学普及

提示词："用简单的语言解释什么是区块链。"

输出示例：

"区块链就像一本透明的大账本，所有人都能看到每一笔交易，无法随意改动，大家都确认无误后才算完成记录。"

效果：这类表达能让对区块链毫无概念的人瞬间理解其本

质，特别适合在科普类文章或公众演讲中使用。

（3）场景 2：为孩子讲解复杂概念

提示词："用儿童能听懂的语言解释宇宙膨胀。"
输出示例：

"想象宇宙像一块正在发酵的面团，上面撒满了葡萄干。随着面团不断膨胀，葡萄干之间的距离也越来越远，这就是宇宙在变大的过程。"

效果：通过孩子日常能接触到的生活现象，轻松将抽象的科学现象具象化。

（4）场景 3：企业内部培训

提示词："用非技术人员能听懂的方式解释大数据分析。"

输出示例：

"你知道在商场里每次你用会员卡买东西时，他们都在记录你的购买数据吗？通过分析这些数据，商场知道你爱买什么、什么时候买，这样他们可以精准推荐你喜欢的商品。"

效果：在企业内部会议、员工培训等场合，采用这种接地气的说法，能让非技术员工快速理解大数据的实际应用。

（5）快速对比示例

普通输出："量子计算利用量子叠加态和量子纠缠实现高效并行计算。"

理解难度：高，非专业人士听完可能一头雾水。

通俗输出："量子计算就像你同时走很多条路，最终找到最快的一条，而普通计算机只能一条一条地走。"

理解难度：低，通过简单类比降低概念复杂度。

（6）技巧拆解：如何让 AI 输出"接地气"的内容

▶▶ 加入生活化场景

在提示词中直接要求 AI 使用"日常生活中常见的现象"来解释。

提示词："用打游戏的比喻解释什么是云计算。"

输出示例：

"云计算就像你玩网络游戏时，游戏数据并不是存储在你的电脑上，而是在远程的服务器上，你随时随地都能连接进去。"

▶▶ 强调目标读者

说明你希望内容适合谁读，比如小学生、普通上班族等，AI 会根据受众调整语言和用词。

提示词："帮我用适合中学生的语言解释基因编辑。"

输出示例：

"基因编辑就像修改一本书的章节，你可以删掉不想要的段落，也可以加上新的内容，让故事变得更精彩。"

▶▶ 明确避免专业术语

可以直接告诉 AI"不要用专业术语"或"别太学术"，让它自动选择更通俗的词汇。

提示词："不用专业术语，解释什么是 5G（第五代移动通信技术）网络。"

输出示例：

"5G 网络就像超级高速公路，数据可以飞快地在上面跑，下载视频、打游戏都不会卡顿。"

DeepSeek 的"通俗表达"让复杂概念从"难以理解"到"秒懂"只需几步。无论是面向普通读者、学生还是非技术人员，它都能轻松驾驭不同场景，帮你用最简单的语言传递深奥的知识。这不仅能提高沟通效率，还能拉近与读者的距离，让知识变得更温暖、更有趣。

小贴士

（1）加上"像在跟小学生讲"这样的说明。这会让 AI 更倾向于通俗输出。

（2）用比喻引导。比如"想象它是……"或"就像……"，让 AI 通过具体类比解释复杂概念。

（3）多角度尝试。如果一次生成的解释不够通俗，可以让 DeepSeek 生成几个不同的类比，再选出最易懂的版本。

"杠精"模式：用辩论打磨观点，快速生成多维视角

核心理念："在质疑中成长"不仅是我们成长的智慧，也是AI帮助我们优化文章、打磨观点的秘密武器。DeepSeek的"杠精"模式允许它反驳我们给出的观点，列出多个反对理由，再自我辩论回去，最终形成一个完整的辩论闭环。这种模式特别适合在观点性写作、学术论文和商业论证中使用，让论证更加全面、成熟、有说服力。

（1）普通用法 vs 深度用法

▶▶ 普通用法（仅生成单一角度）

输入："生成一些 AI 在教育中的好处。"

输出：简单列出几点正面效果，比如提高学习效率、个性化辅导等。

▶▶ 深度用法（多角度分析 + 反驳闭环）

输入："AI 对教育的影响有哪些争议？请列出 10 个反对理由并逐一反驳。"

输出：

- 反对理由 1 为 AI 可能让学生产生惰性，过于依赖技术而忽视基础能力。

具体阐述为，AI 的设计初衷是辅助学习，而非替代学习。通过合理引导，学生可以利用 AI 解决烦琐问题，将更多精力放在创新和批判性思考上。

- 反对理由 2 为 AI 生成的信息可能存在偏差或错误，误导学生。

具体阐述为，AI 输出并不意味着学生就能盲目信任，教师和家长可以引导学生具备信息辨别能力，学会交叉验证和质疑权威。

（2）场景 1：学术论文或课堂讨论

提示词："AI 是否应该广泛应用于基础教育？列出反对和支持的理由，并得出一个权衡后的结论。"

输出：

● 反对理由为技术资源分布不均，可能导致教育不公平。

● 支持理由为 AI 能为资源匮乏地区提供远程教育资源，减少教育鸿沟。

● 权衡结论为 AI 在教育领域的应用应逐步推进，同时关注教育资源的公平分配，确保所有学生都能受益。

效果：通过这种自我辩论的方式，你可以轻松整理出一篇结构完整、逻辑清晰的文章。

（3）场景 2：商业决策分析

提示词："我公司计划引入自动化流程，但团队有分歧。请列出反对自动化的理由，并针对每个反对意见进行反驳。"

输出：

● 反对理由 1 为自动化可能导致部分员工失业，影响团队士气。

具体阐述为，可以通过内部培训让员工转岗至具有更高价值的岗位，减少失业风险，增强团队的整体技能。

● 反对理由 2 为引入新系统需要高昂的前期投资，短期内无法收回成本。

具体阐述为，从长期来看，自动化将降低运营成本，提高效率，并在未来几年内实现投资回报。

（4）场景 3：社交媒体或公众号文章

提示词："生成一个关于'年轻人是否应该辞职追求梦想'的辩论。"

输出：

- 支持观点为人们年轻时应该追求梦想，否则未来可能会遗憾。
- 反对观点为过于冲动的辞职可能导致财务困境，甚至影响人的心理状态。
- 权衡结论为梦想和现实并非对立，制订合理的计划可以让你在保障基本生活的同时逐步实现梦想。

效果：辩论闭环能让你呈现出不同的立场，特别适合引发读者思考和互动。

（5）快速对比示例

普通输入："列出 AI 的好处。"

输出：简单罗列，比如"提升效率""个性化学习"等。

"杠精"模式输入："AI 对未来工作环境的影响有哪些争议？请列出正反两方面的观点并得出结论。"

输出：分析不同层面的利弊，比如工作机会减少、效率提升、再培训需求等，最终提出折中方案。

（6）技巧拆解：如何用好"杠精"模式

• 给出明确的辩论主题。提示词中明确指出辩论的焦点，例如"某项政策是否应该实施""某个技术对社会的利弊"等。

• 让 AI 列出具体数量的理由。可以指定列出 10 个反对意见、5 个支持意见或 3 个权衡点等，帮助你控制文章的长度和逻辑层次。例如"请列出 5 个反对自动驾驶技术的理由并逐一反驳。"

• 要求权衡并得出结论。除了列出正反理由外，还可以要求 AI 进行权衡分析并给出最终建议，让输出内容更完整。例如"针对 AI 生成的艺术作品，列出正反观点，并提出一个中立的监管建议"。

（1）善用反驳功能。辩论的价值不仅在于列出反对意见，更重要的是通过反驳来完善观点，让输出的内容更加有逻辑和深度。

（2）扩展辩论链条。如果需要更长的内容，可以让 AI 针对每个反驳理由再生成反反驳，形成多轮辩论。

（3）灵活调整数量。不同场景下，可以让 AI 生成 3 个、5 个或 10 个反对理由，快速控制文章的篇幅和层次。

5 让 DeepSeek-R1 模型助力：
用批判性思考深入挖掘复杂问题

核心理念：有时候，简单的答案远远不够，尤其在面对多维度、复杂性强的问题时，我们需要 AI 进行深度思考，才能得到更有逻辑、更可靠的结论。DeepSeek 的 R1 模型正是为此而生，它能模拟"100 次批判性思考"——每次生成初稿后进行自我批评、优化、再生成，最终输出逻辑严密、多角度分析的答案。

（1）普通用法 vs 深度用法

▶▶ 普通用法（表层分析）

输入："分析新能源技术的未来发展趋势。"

输出：可能只涉及新能源市场规模或技术突破，缺乏全面性。

▶▶ 深度用法（批判性推演＋多维分析）

输入："从环境、科技和人文角度，深入分析新能源技术未来 10 年的发展趋势。"

输出：

- 从环境维度看，新能源技术有助于减少温室气体排放，但资源开发过程可能带来新的环境负担，如锂电池材料的开采污染。

- 从技术维度看，电池储能技术是关键突破口，但短期内技术瓶颈仍然存在，可能延缓市场大规模推广。

- 从人文维度看，新能源推广需要公众意识和政策支持，尤其在欠发达地区，教育和普及仍是重要挑战。

结论：从多维度分析得出结论，并提供具体应对策略，比如如何通过政策干预和技术研发平衡发展。

（2）场景 1：行业研究报告

提示词："深入分析未来 10 年人工智能对就业市场的影响，从经济、技术和社会三方面探讨。"

输出：

- 从经济维度看，短期内 AI 自动化可能导致部分领域的从业者失业，但长期来看，它会创造更多高技能岗位。
- 从技术维度看，不同领域 AI 应用成熟度不同，部分行业受到的冲击更大，比如制造业和物流。
- 从社会维度看，AI 普及可能加剧收入不均，因此需要政府介入，推动再培训和技能提升项目。

效果：生成的内容逻辑清晰、覆盖全面，能够直接用于行业白皮书或高质量报告中。

（3）场景 2：政策研究与建议

提示词："针对全球气候变化，从政策、技术和公众参与三个层面分析减排措施的可行性。"
输出：

- 从政策层面分析，政府需要设定更严格的碳排放目标，同时通过国际合作应对跨国环境问题。

● 从技术层面分析，需要加大对碳捕获与储存技术的投资，并提高清洁能源技术的普及率。

● 从公众参与层面分析，大规模的减排效果取决于公众的环保意识，通过宣传和教育提高公民参与度。

效果：DeepSeek-R1 模型能提出细致入微的应对方案，并基于批判性思考，提供潜在风险与应对措施，让政策制定更具可行性。

（4）场景 3：产品战略与市场分析

提示词："分析电动汽车在未来 5 年内的市场扩张潜力，综合技术创新、市场竞争和用户需求。"

输出：

● 从技术创新角度分析，固态电池技术是未来发展的关键，一旦突破，电动汽车将迎来大规模市场爆发。

● 从市场竞争角度分析，传统汽车厂商和新兴电动汽车品牌之间竞争激烈，可能推动价格战和创新加速。

● 从用户需求角度分析，消费者越来越倾向于环保出行，但充电基础设施仍是购买决策的重要考虑因素。

效果：通过批判性推演，提供一份包含机遇和风险的市场分析报告，为企业战略决策提供参考。

（5）快速对比示例：表层分析 vs 批判性思考

普通输入："分析电动汽车市场的未来趋势。"

输出：简单预测市场规模和用户增长，缺少深入的风险和机会分析。

DeepSeek-R1 模型输入："从政策、技术、用户和市场竞争 4 个角度，批判性分析电动汽车市场未来 5 年的发展趋势。"

输出：多维度分析电动汽车市场的潜在机遇和挑战，并提供具体的应对建议，比如推动充电桩普及、投资核心技术等。

（6）技巧拆解：如何激活 DeepSeek-R1 模型的批判性思考

提出具体的多维度分析需求。在提示词中明确指出需要从不同角度探讨，比如从政策、市场、技术、用户行为等维度入手。例如："从经济、环境和社会影响三个维度分析核能的发展前景。"

让 AI 进行批判性反思并修正。可以在提示词中要求 AI 进行初步分析后，再对结论进行批判和修正，确保内容深度和逻辑性。例如："先分析人工智能对文化产业的影响，再批判可能存在的偏见和盲区，并提供修正建议。"

综合利弊分析，得出平衡方案。在批判性思考过程中，要求AI列出优点和缺点，并提出折中的解决方案。例如："分析无人驾驶技术的优缺点，并提出如何降低安全风险的解决方案。"

通过 DeepSeek 的 R1 模型，你不再需要逐步收集信息、反复验证，而是让 AI 自动完成多轮批判性思考和优化推演，快速生成高质量的分析报告或战略建议。无论是行业研究、政策制定还是市场分析，DeepSeek-R1 模型都能让你的分析具有更强的逻辑性和可操作性，且更有深度，远超简单的表层分析。

小贴士

（1）多角度设置提示词。分析维度越多，输出的内容越深入。确保至少包含 3 个以上的角度，如政策、市场、用户等。

（2）让 AI 自我批判。引导 AI 从生成的初步结论中发现漏洞或盲点，并重新优化结果。

（3）结合对比模式。如果需要详细的比较，可以让 AI 生成不同方案的优缺点对比表，为决策提供参考。

（7）批判性分析万能提示词模板

下面是一些通用的批判性思考提示词模板，涵盖政策、市场、科技、社会等不同领域。你可以将这些模板直接替换成你需要的主题，无须过多行业背景知识也能轻松上手。

▶▶ 市场与商业分析

提示词模板 1："从市场需求、竞争环境和技术创新 3 个角度，分析_____（产品 / 行业）未来_____（具体时间）的增长潜力，并列出可能的挑战及应对措施。"

示例："从市场需求、竞争环境和技术创新 3 个角度，分析电动车未来 5 年的增长潜力，并列出可能的挑战及应对措施。"

提示词模板 2："列出_____（行业 / 产品）未来发展的 5 个机遇和 5 个风险，并提出解决方案。"

示例："列出可穿戴设备行业未来发展的 5 个机遇和 5 个风险，并提出解决方案。"

提示词模板 3："对_____（公司或产品）在_____（市场 / 行业）中的竞争力进行批判性分析，包括技术优势、市场份额和潜在弱点。"

示例："对特斯拉在电动车市场中的竞争力进行批判性分析，

包括技术优势、市场份额和潜在弱点。"

▶▶ 政策和社会影响分析

提示词模板 1："从经济、社会和环境 3 个角度，批判性分析_____（政策 / 措施）可能带来的利弊，并提出优化建议。"

示例："从经济、社会和环境 3 个角度，批判性分析碳税政策可能带来的利弊，并提出优化建议。"

提示词模板 2："对_____（政策 / 项目）的可行性进行批判性推演，分析其短期效果和长期影响。"

示例："对全民基本收入政策的可行性进行批判性推演，分析其短期效果和长期影响。"

提示词模板 3："从公平性、效率和公众接受度 3 个角度，批判性分析_____（社会项目 / 改革）是否适合大规模推广。"

示例："从公平性、效率和公众接受度 3 个角度，批判性分析新能源汽车购车补贴是否适合大规模推广。"

▶▶ 科技与创新

提示词模板 1："对_____（技术 / 产品）的核心突破和技术瓶颈进行批判性分析，列出可能的技术风险及应对措施。"

示例："对 AI 在医疗诊断中的核心突破和技术瓶颈进行批

判性分析，列出可能的技术风险及应对措施。"

提示词模板 2："从用户需求、技术成熟度和市场接受度 3 个角度，分析＿＿＿＿＿（技术）大规模应用的可行性及可能面临的挑战。"

示例："从用户需求、技术成熟度和市场接受度 3 个角度，分析自动驾驶汽车大规模应用的可行性及可能面临的挑战。"

提示词模板 3："列出＿＿＿＿＿（新兴技术）可能带来的 5 个正面影响和 5 个潜在问题，并提供权衡方案。"

示例："列出生成式 AI 可能带来的 5 个正面影响和 5 个潜在问题，并提供权衡方案。"

▶▶ 环境与可持续发展

提示词模板 1："从环境影响、经济效益和技术可行性 3 个方面，分析＿＿＿＿＿（清洁能源／环保措施）的推广潜力。"

示例："从环境影响、经济效益和技术可行性 3 个方面，分析风能发电的推广潜力。"

提示词模板 2："列出＿＿＿＿＿（环保项目）可能的 3 大优势和 3 大挑战，并提出如何应对这些挑战的方案。"

示例："列出城市垃圾分类政策可能的 3 大优势和 3 大挑战，并提出如何应对这些挑战的方案。"

提示词模板 3："对_____（技术或政策）的生态影响进行批判性分析，列出可能的长期风险和短期收益。"

示例："对太阳能电池板推广的生态影响进行批判性分析，列出可能的长期风险和短期收益。"

▶▶ 伦理与社会责任

提示词模板 1："从隐私保护、伦理和用户体验 3 个角度，批判性分析_____（技术 / 平台）可能对社会产生的负面影响，并提出改进建议。"

示例："从隐私保护、伦理和用户体验 3 个角度，批判性分析社交媒体算法可能对社会产生的负面影响，并提出改进建议。"

提示词模板 2："分析_____（新技术 / 措施）在伦理、法律和公众接受度方面的争议，并提出中立的解决方案。"

示例："分析人类基因编辑技术在伦理、法律和公众接受度方面的争议，并提出中立的解决方案。"

▶▶ 综合权衡和决策支持

提示词模板 1："列出_____（项目 / 计划）可能的正反观点，并批判性分析各自的合理性，得出综合建议。"

示例："列出 AI 生成艺术品的正反观点，并批判性分析各自的合理性，得出综合建议。"

提示词模板 2："针对＿＿＿＿＿（问题／挑战），列出至少 3 种可能的解决方案，并批判性分析它们的优缺点，推荐一个最佳方案。"

示例："针对城市交通拥堵问题，列出至少 3 种可能的解决方案，并批判性分析它们的优缺点，推荐一个最佳方案。"

▶▶ 万能句型总览（可自由组合）

· "从（维度 1、维度 2 和维度 3）3 个角度，批判性分析＿＿＿＿＿（问题／政策／项目）的影响，并给出权衡建议。"

· "列出＿＿＿＿＿（主题）的 5 个优势和 5 个潜在风险，并提供应对策略。"

· "对＿＿＿＿＿（技术／政策）进行批判性推演，探讨其短期和长期的正负面效果。"

· "从＿＿＿＿＿（用户／市场／伦理）的角度出发，分析＿＿＿＿＿（产品／政策）的可行性并提出优化建议。"

这些万能提示词可以让你在不同领域快速生成批判性分析、多维度报告和可操作性建议。只需替换关键词，就能覆盖广泛的应用场景。下一次面对复杂任务时，无须过多思考，直接用这些模板，让 DeepSeek 帮你完成从数据分析到战略决策的飞跃。

3 模拟网络争论：如何优雅地回击恶评

核心理念：面对恶评或网络暴力，很多人容易陷入情绪化，但有时候，"温柔且坚定"的回击能更有效地扭转局面。通过DeepSeek，你可以将恶评复制粘贴进提示框，让 AI 帮你生成一段既有逻辑又不失风度的回击，再直接复制粘贴回去，轻松应对网络上的"挑衅者"。

（1）识别恶评，选择应对策略

首先，明确恶评的类型和严重程度。恶评通常分为 3 种：

普通负面评论：表达对产品 / 观点的不足或失望，例如"这个产品根本没用，浪费钱"。

情绪化指责：带有较强的情绪色彩，但缺乏具体事实支持，例如"你的观点真可笑，别出来丢人现眼"。

　　恶意攻击 / 网络暴力：涉及人身攻击或恶意诋毁，例如"你根本不配谈论这个话题，闭嘴吧"。

　　应对策略需要根据恶评类型来选择幽默地反击、逻辑性回应，还是坚定地澄清。

（2）复制恶评并输入 DeepSeek 提示

　　将对方的评论复制到 DeepSeek 中，并根据你的需求设置提示词，让它生成温柔而有力的回击。

　　示例提示词 1（温和逻辑型）："有人评论：'你的文章写得很差，一点逻辑都没有，浪费时间！'请帮我写一段温柔但坚定的回复，解释我的观点并邀请对方进一步讨论。"

　　DeepSeek 生成的回复：

　　"感谢你花时间阅读我的文章，虽然我们看法不同，但我非常重视你的意见。如果你有具体的改进建议，我很乐意听取。毕竟，讨论的本质是为了共同进步。"

　　示例提示词 2（幽默反击型）："有人评论：'你写的内容真的一文不值，谁会花时间看？'请帮我写一段带有幽默感但不伤人的回复。"

DeepSeek 生成的回复：

"看来我的文章不仅让你看完了，还让你有了情感输出的机会，这已经是一种价值了吧！不过，如果你有更好的想法，欢迎分享。"

示例提示词3（情绪化攻击型）："有人恶意评论：'你根本不配谈这个话题，闭嘴吧！'请帮我生成一段坚定但理性的回复。"

DeepSeek 生成的回复：

"每个人都有表达自己观点的权利，而我的立场来自多年的研究和实践。如果你有不同的见解，我愿意听取，但攻击无法改变事实。"

（3）优化并复制回复内容

在 DeepSeek 生成的回复中，如果有部分措辞需要调整，可以直接在提示框中进行二次优化。

优化提示词："用更简短、直击重点的方式重写这段回应，让它有力但不失礼貌。"

DeepSeek 优化后输出：

"不同观点是讨论的起点，而不是结束。如果你愿意分享具体的意见，我们的讨论会更有意义。"

复制优化后的回复内容，粘贴到评论区。

（4）复制粘贴，温柔但不退让

将 DeepSeek 生成的回复直接复制粘贴到评论区，保持温和但有力的态度。

恶评者："你的这些观点根本站不住脚，别浪费别人的时间了。"

回复示例：

"感谢你的时间和评论。如果你愿意指出具体的问题，我很乐意改正，但空泛的批评无法推动讨论。"

恶评者："这篇文章简直无聊透顶，写这种东西有意义吗？"

回复示例：

"也许它并不适合你的兴趣，但每个人都有不同的关注点。如果你有不同建议，我很期待听到。"

（5）场景 1：个人公众号或社交媒体

当你发表一篇科普文章、生活见解或观点分析时，可能会遇到负面评论。使用 DeepSeek 快速生成优雅回击，不要让自己陷入无意义的争论。

提示词："某位网友评论：'你的文章没有任何新意，别出来丢人现眼。' 帮我生成一段既幽默又不失礼貌的回复。"

输出：

"谢谢你的提醒！看来我确实有提高的空间。如果你能提供具体的改进建议，我一定虚心接受。"

（6）场景 2：产品或品牌遭遇负面反馈

企业面对恶评时需要小心应对，既要维护品牌形象，又不能激化矛盾。DeepSeek 可以生成具有"公关温度"的专业回复。

提示词："一位顾客评论：'产品太差劲了，我很后悔买它。'

帮我生成一段既表达歉意又能引导解决问题的客服回复。"

输出：

"很抱歉听到您的不满，您的反馈对我们非常重要。请告诉我们具体的问题，我们将第一时间为您解决，让您的体验更好。"

通过复制－生成－优化－粘贴这套简单的操作流程，DeepSeek 可以帮助你在面对恶评和网络暴力时，从容应对，温柔回击。无论是个人用户还是企业品牌，都能利用这项功能，在冲突中保持冷静，用有温度、有力道的语言赢得讨论的主动权，化解冲突，扭转局面。

小贴士

（1）明确你的语气需求。根据评论的严重程度和场景，选择"幽默型""温和型"或"逻辑型"回击风格。

（2）直接复制粘贴恶评，节省时间。DeepSeek 可以从恶评中自动提取关键信息，生成有针对性的回复。

（3）避免陷入情绪化。当面对恶意攻击时，冷静应对是最好的策略，DeepSeek 会帮你控制语言，让你在回击中占据优势。

模仿大神写作：从李尚龙的温情到曹雪芹的古典，开启你的写作大冒险

核心理念：每一位著名作家都有独特的"文风密码"，通过模仿他们的语言、结构和情感表达，你不仅能让自己的写作更有深度，还能在不同场景中轻松切换风格。从李尚龙老师的温情励志文案，到莫言的乡土叙事，再到曹雪芹的古典美学，你将一步步走进文学世界的"殿堂级创作模式"。

（1）普通用法 vs 深度用法

▶▶ **普通用法（普通风格生成）**

输入："写一篇关于成长的短文。"

输出：平平无奇的故事，缺少灵魂和文风特色。

▶▶ 深度用法（模仿经典风格）

输入："模仿李尚龙的温暖励志风格，写一段适合制作短视频的文案，主题是'一个普通人的努力'。"

输出：

"凌晨 3 点的街头总是安静的，唯有便利店门前有一盏孤独的路灯，照着那个匆匆跑回出租屋的外卖小哥。他并不知道，这份沉默的坚持会在未来某天悄然改变他的命运。"

效果：细腻而真实，特别适合短视频背景音乐配合，容易引发观众共鸣。

（2）场景 1：短视频文案（模仿李尚龙的温情励志风格）

提示词："模仿李尚龙的写作风格，为短视频写一段关于青春告别的温情文案。"

输出示例：

"那些没来得及说再见的夏天，没吃完的烧烤摊，没走过的小路，都被封存在日记的夹页里。也许再见的时候，我们都变得不一样了，但那些没说出口的告别，早已成为永恒的印记。"

效果：短视频文案结合画面和音乐，营造温暖又伤感的氛围，直击青春回忆。

（3）场景2：小说叙事（模仿莫言的乡土叙事风格）

提示词："模仿莫言的风格，为一本乡村题材的小说写开头。"
输出示例：

"那是一个闷热的夏天，稻田里的青蛙唱了一整夜。小河边的牛群在树荫下懒懒地甩着尾巴，而田间的小道上，一个少年正蹲着削一根柳树枝，手上的茧子比柳枝还粗糙。他的父亲在村里有名气，但名声并不好。"

效果：充满乡土气息和细腻的场景描写，能够迅速引发读者对人物命运的好奇心。

（4）场景 3：演讲稿（模仿李世民的霸气风范）

提示词："模仿李世民的风格，写一篇在公司年会上激励团队的发言稿。"

输出示例：

"今日之胜利，来自你们的每一滴汗水和坚持。战场上，胜利并非一蹴而就，而是无数次艰难险阻的跨越。未来的挑战会更大，但我知道，只要我们同心协力，就必将再次站上高峰，睥睨四方！"

效果：雄壮有力、充满激情的语言让团队年会更具仪式感，能够激励士气。

（5）场景 4：家庭剧剧情（模仿《红楼梦》的文学体系）

提示词 1："模仿《红楼梦》的风格，创作一段家庭剧中姐妹间因家族利益产生冲突的情节。"

输出示例：

"夜深人静，偏厅的烛火摇曳着，照得墙上影影绰绰。姐姐冷冷地望着桌上的账簿，声音如刀般刺破了空气：'你想用这几页纸，就把家产分走一半？'妹妹的眼中闪过一丝泪光，却咬紧牙关：'你知道的，我只是要回属于我的东西。'一场家族风波，在这静谧的夜里拉开了序幕。"

效果：人物情感与环境描写交织，细腻的笔触展现出复杂的家族关系，尤其适合长篇家庭剧创作。

想象一下，未来 AI 可能会补全《红楼梦》未完成的章节——那个悬而未解的结局、那个被许多人猜测的家族命运或许将被"揭晓"。

提示词 2："模仿曹雪芹的风格，续写《红楼梦》结尾。"

输出示例：

"雨停了，黛玉的坟上新生的青草还带着泥香，三月的风轻拂而过，仿佛是她在低声呢喃。贾府大门上的朱漆脱落，岁月将一切推向不可挽回的结局。那些繁华过往，终究不过是南柯一梦。梦醒时，人已非。"

感受延展：如果未来我们真的可以看到曹雪芹"未写完的

《红楼梦》"，那么红学研究这门学科可能也会逐渐消亡。因为人们不会再需要"推测和研究"，而是直接得到"最终答案"。这既是文学的奇迹，也可能是红学的终点。

（6）万能提示词模板：轻松模仿经典风格

短视频文案类："模仿某人的风格，为短视频写一段关于某主题的文案。"例如："模仿李尚龙的风格，为短视频写一段关于'梦想和现实'的文案。"

小说叙事类："模仿莫言 / 沈从文的风格，写一段关于乡村生活 / 成长故事 / 情感纠葛的开头。"例如："模仿莫言的风格，为一本以乡村少年为主角的成长小说写开头。"

演讲稿类："模仿李世民 / 丘吉尔的演讲风格，为企业 / 学校 / 团队撰写一篇激励发言稿。"例如："模仿李世民的风格，为公司新年开工大会写一篇发言稿。"

古典叙事类："模仿《红楼梦》的叙事风格，为一段家庭冲突 / 悲剧情节创作情节发展。"例如："模仿《红楼梦》的风格，创作一场家族利益争斗的戏剧性场景。"

模仿经典并非简单的复制，而是通过风格化的表达，让你的写作更具层次感和艺术性。无论是李尚龙的温暖、莫言的乡土气息，还是曹雪芹的古典叙事，DeepSeek 都能成为你的"写作导师"，帮你打造有深度、有风格、有情感的作品——让写作不再局限于一种模式，而是成为一种无限可能的创作冒险。

DeepSeek 不仅是一个普通的 AI 写作工具，更像是一位"全能写作助教"。无论是陪你辩论、替你翻译，还是帮你模仿文学大师，它都能轻松胜任。通过掌握灵活提示词、批判性分析、模仿文风等多种技巧，你可以用它快速完成科普文章、短视频文案、小说创作、演讲稿、市场分析等各类写作任务，真正实现从零基础到高手的写作进阶之路。

在 AI 的辅助下，你不仅能写出逻辑缜密的分析文章，还能创作出具有情感温度和艺术美感的作品，为你的创作增添无限可能。

用好 DeepSeek，让你变成创作达人。

各类场景提示词实用模板

（1）科普 / 知识分享类

公式模板："我是一位_____（身份或职业，如教师、博主、工程师），希望写一篇关于_____（主题）的文章，读者是_____（目标人群）。我希望_____（目标效果，如简单易懂、有趣幽默、逻辑清晰），并避免_____（担忧，如太枯燥、太技术化）。"

示例1："我是一名高中物理老师，想写一篇关于量子力学的科普文，读者是高中生。我希望文章简单有趣、带有生活化类比，避免使用难懂的专业术语。"

示例2："我是一名科技博主，想写一篇关于5G网络的入门科普文，目标是普通上班族。我希望内容简单易懂，让他们在

5 分钟内了解 5G 的核心概念。"

（2）辩论分析类

公式模板："从_____（多个维度，如经济、社会、科技）批判性分析_____（主题或问题）的正反观点。列出_____（数量，如 5 个）支持理由和_____（数量，如 5 个）反对理由，并进行权衡分析，得出最终结论。"

示例 1："从技术、用户需求和安全性 3 个角度批判性分析自动驾驶汽车的大规模应用。列出 3 个支持理由和 3 个反对理由，并提出权衡后的政策建议。"

示例 2："批判性分析 AI 生成艺术品的价值，列出 5 个支持观点和 5 个反对观点，并提出未来可能的监管框架。"

（3）创意写作 / 模仿文风类

公式模板："模仿_____（作者或风格，如李尚龙、莫言、《红楼梦》）的写作风格，为_____（创作类型，如短视频、小说、演讲稿）生成关于_____（主题或场景）的内容，重点体现_____（特定情感或风格特征，如温暖励志、乡土叙事、古典美学）。"

示例1："模仿李尚龙的风格，为短视频写一段关于'青春梦想'的文案，带有温暖励志感。"

示例2："模仿莫言的乡土叙事风格，为一本关于乡村生活的小说写开头，描述少年离开家乡前的情感挣扎。"

示例3："模仿《红楼梦》的叙事风格，创作一段家庭剧中姐妹之间因家族利益产生矛盾的场景。"

（4）产品推广／品牌文案类

公式模板："为_____（产品或服务）撰写一段宣传文案，目标受众是_____（用户类型），文案风格希望_____（目标风格，如专业可信、幽默轻松、情感共鸣），重点突出_____（产品优势或卖点），同时避免_____（担忧，如过于生硬或技术化）。"

示例1："为一款 AI 学习助手写推广文案，目标用户是高中生和家长。文案要有亲和力，重点突出个性化学习和时间管理功能，避免过于技术化。"

示例2："为一款跑鞋撰写广告文案，目标用户是都市白领跑者。文案风格幽默轻松，强调轻便舒适的卖点，并引发用户共鸣。"

（5）逻辑分析 / 决策支持类

公式模板："分析＿＿＿＿＿＿（主题）在＿＿＿＿＿＿（多个维度，如政策、技术、市场）上的优势和风险，并列出可能的解决方案。最后，提供一段权衡后的综合建议。"

示例 1："分析绿色能源在未来 10 年内的市场扩张潜力，从政策支持、技术进步和用户需求 3 个维度入手，列出 3 个优势和 3 个风险，并提供权衡后的发展建议。"

示例 2："分析某公司进入海外市场的可行性，从市场竞争、文化差异和政策法规 3 个方面列出优劣势，并提出最佳策略。"

小贴士

（1）灵活组合公式：可以根据具体需求，将不同公式中的要素进行组合，如"科普类 + 创意写作"或"辩论分析 + 产品推广"。

（2）多轮生成，选取最佳：让 DeepSeek 生成多个版本的内容，并从中挑选最贴合需求的一段。

（3）定期优化提示词：根据你使用中的反馈，逐渐调整和完善提示词，形成自己专属的写作模板。

第五章

DeepSeek，
让你成为学习达人

17 故事锚点法

(1) 问题描述

有时候，我们在学习时会遇到许多生僻的专有名词，比如医学、化学或其他学科中的专用词汇。很多人觉得记这些单词和公式，就像在背一大堆枯燥的课本上的内容，既费时又费力，容易忘记。

(2) 通俗解释

故事锚点法就是把这些枯燥的知识转化成一个有趣的小故事。就好像看一部情节曲折的电影一样，你的大脑会自动记住故事中的每一个细节。当一个抽象的名词或公式融入故事情节中时，你就能通过回忆故事的画面，自然而然地记住那些知识点。

（3）示例提示词

提示词: 将"腓肠肌、尺神经、乙状结肠"编入一个侦探故事。
输出:

"在一起离奇的案件中，侦探在现场发现受害者的腓肠肌上有一个小小的针孔（暗示尺神经受损），沿着这个线索，他顺着一条看似像乙状结肠的神秘管道，找到了关键证据。"

（4）操作步骤

复制提示词：将上面这段提示词复制到剪贴板上。
粘贴并运行：将复制的提示词粘贴到 DeepSeek 的输入框中，然后按回车键。
阅读生成的故事：DeepSeek 会生成一个生动有趣的小故事，你可以阅读它，利用故事的情节和画面帮助记忆那些专有名词。

（5）预期效果

通过这种方法，DeepSeek 会生成一个侦探故事，在故事中巧妙地嵌入了"腓肠肌""尺神经"和"乙状结肠"这 3 个医学名词。每当你回忆起这个故事时，那些难记的名词也会跟着浮现在脑海里，大大提高记忆效率。这样，你在学习时，就能更轻松地把这些专业知识记牢。

这个方法不仅适用于医学名词，还可以用于记忆其他学科的抽象概念。只需根据具体内容修改提示词中的关键词，就能轻松打造适合自己的学习风格的故事。希望你能尝试并发现记忆知识变得既轻松又有趣。

空间记忆宫殿

（1）问题描述

你是否曾为记住一长串的流程或清单而烦恼？比如在学习项目管理时，总觉得那些流程太长、太枯燥，记不牢。

（2）通俗解释

空间记忆宫殿法就是将你需要记的东西和你非常熟悉的物理环境（比如你每天走进的办公室）联系起来。每次经过那个熟悉的物品时，你的大脑就会自动联想到与之对应的内容，就像一个"记忆开关"一样。

（3）示例提示词

用办公室布局来记住项目管理的 5 大流程：

- 门口的指纹机代表"启动"。
- 白板计划表代表"规划"。
- 工位上的电脑代表"执行"。
- 监控摄像头代表"监控"。
- 文件柜代表"收尾存档"。

（4）操作步骤

- 复制上面的提示词文本。
- 将文本粘贴到 DeepSeek 的输入框中。
- 按回车键运行，等待 DeepSeek 生成相关描述。

（5）预期效果

DeepSeek 会输出一段描述，把项目管理的 5 大流程生动地和办公室中的各个物品联系起来。以后每当你经过办公室门口，看到指纹机或白板时，这些流程就会帮助你牢牢记住整个流程。

3 多感官编码

（1）问题描述

你是否觉得单一的学习方式不仅让知识显得枯燥，而且记忆效果还不理想，容易忘记？

（2）通俗解释

多感官编码法主张同时调动听觉、视觉和动觉，让知识变得更加生动。就像在看一部电影时，你不仅能看到画面，还能听到声音，甚至能感受到情节的节奏，这样记忆效果会更好。

（3）示例提示词

请为地理课中的"季风气候特征"设计一个三通道学习方案:

听觉：将《青花瓷》的歌词改编成描述季风变化的短句。

视觉：在一张图上用红蓝箭头标注出冬季和夏季季风的方向。

动觉：利用风扇模拟出风向，并动手制作一个小模型来展示风的流动。

（4）操作步骤

- 复制上面的提示词文本。
- 粘贴到 DeepSeek 的输入框中，按回车键运行。
- 阅读 DeepSeek 生成的三通道学习方案，了解如何将听、看、动这 3 种方式结合起来学习知识。

（5）预期效果

DeepSeek 生成的方案会为你提供一个综合的学习策略，帮助你从听、看、动这 3 个方面同时刺激大脑，从而大幅提升记忆率。你可以依此方法在实际学习中多加练习，体会知识点从单调到生动的转变，记忆效果明显提高。

4 认知摩擦策略

（1）问题描述

在阅读教材时，你是否发现自己经常走神、注意力不集中？当扫过眼前一行行文字，却没有真正停下来思考时，记忆和理解自然就打了折扣。

（2）通俗解释

认知摩擦策略就是在阅读过程中故意给自己"制造阻力"，比如在每节内容后加入几个思考题。这样做能迫使你停下来主动思考，从而更好地抓住核心内容。就像你走路时遇到障碍，需要稍停一下再继续前行，这个"摩擦"会让你对刚刚学过的知识印象更加深刻。

（3）提示词

在每节内容末尾插入以下思考题：

- 本段的核心观点是什么？

- 这一观点与上一章节中的某个理论有何联系？

- 如果要设计一个实验来验证本段结论，你会如何操作？

- 用一个表情符号描述作者对这一观点的态度。

（4）操作步骤

- 将上述提示词复制到剪贴板上。

- 粘贴到 DeepSeek 的输入框中，按下回车键运行。

- 阅读 DeepSeek 生成的具体思考题，并在阅读教材时逐一回答或思考。

（5）预期效果

通过在每节学习内容中主动加入思考题，DeepSeek 会为你生成一系列与内容相关的思考题。这会迫使你停下来思考，主动梳理和回顾所学知识，从而使你的专注时间和思考深度显著提高。

据研究，这种方法能让一个人的主动思考时间增加约 40%，帮助你更好地理解和记住知识点。

　　这种认知摩擦策略适用于各种教材和阅读内容，只需简单复制提示词，粘贴运行，就能获得一套适合自己学习的思考题，帮助你从被动阅读转变为主动学习，提升整体学习效果。

5 逆向论证法

（1）问题描述

在讨论某个议题时，我们往往只看到一面，比如关于"人工智能是否威胁人类就业"的讨论。很多人只关注 AI 可能带来的负面影响，忽视了它可能创造新岗位的可能性。

（2）通俗解释

逆向论证法就是让你主动站在相反的角度思考问题，通过列出那些看似违反普遍认知的观点，再逐一进行反驳。用这个方法，你可以打破单一观点，发现问题的多面性，达到更加全面、平衡的分析效果。

（3）提示词

请针对"人工智能是否威胁人类就业"这个问题，进行逆向论证。
列出至少 5 个反方向的观点，比如：

- 哪些职业因 AI 而创造出新的岗位？
- 历史上技术革命如何促使就业结构调整？
- AI 是否能降低创业门槛，带来更多创新机会？

然后针对每个观点给出具体反驳意见，最后总结出一个多维平衡的结论。

（4）操作步骤

- 复制上面的提示词文本。
- 将文本粘贴到 DeepSeek 的输入框中。
- 按下回车键运行，等待 DeepSeek 输出完整的逆向论证过程。
- 阅读输出内容，了解问题的多角度分析结果。

（5）预期效果

DeepSeek 会生成一份详细的逆向论证报告，列出与主流观点相反的多个理由，并为每个理由提供反驳说明。这样，你就能从单一论点转向多维评估，更全面地理解问题，帮助你在讨论和决策时考虑更多可能性。

三视角原则

(1) 问题描述

在分析复杂现象时，比如"中小学生沉迷短视频"的问题，如果只从一个角度出发，可能无法发现问题的全貌和其深层次原因。

(2) 通俗解释

三视角原则要求你从 3 个不同的层面去观察和分析问题。

微观层面：关注个体的即时反应和行为，比如短视频带来的即时反馈对大脑的刺激。

中观层面：关注家庭和学校等中间环境，比如学校的管控、家庭的监管是否存在不足。

宏观层面：观察整个社会、经济背景，比如当下注意力经济和内容算法对用户行为的影响。

这样做可以帮助你构建一个从个体到社会、从细节到整体的全面分析框架。

（3）提示词

请从 3 个视角分析"中小学生沉迷短视频"现象。

微观：短视频 15 秒的即时反馈如何刺激大脑分泌多巴胺。

中观：学校和家庭在监管方面存在的缺陷和空白。

宏观：注意力经济时代中内容算法如何推波助澜。

最后，请综合以上信息提出一个有针对性的干预策略。

（4）操作步骤

- 复制上面的提示词文本。

- 粘贴到 DeepSeek 的输入框中，按回车键运行。

- 阅读 DeepSeek 生成的分析报告，了解从微观、中观、宏观这 3 个层面对问题的详细解读以及相应的干预建议。

（5）预期效果

DeepSeek 会输出一段全面的分析报告，从个体反应、家庭学校监管到社会整体算法机制，层层剖析问题的成因，并给出具体的干预策略。这种多角度的分析方法能帮助你在面对复杂的社会现象时，找到更有效的解决办法。

7 跨界映射法

（1）问题描述

有些抽象的概念，比如计算机网络中的"TCP/IP 协议
（Transmission Control Protocol/Internet Protocol，即传输控制协议 /
网际协议）"读起来十分晦涩，让人难以理解。

（2）通俗解释

跨界映射法就是把抽象的知识和你熟悉的生活场景挂钩，让
它变得具体、生动。比如，你可以把计算机网络比作快递配送系
统，这样一来，每个技术概念都能用生活中的事物来解释，记起
来就简单多了。

（3）提示词

请用快递系统来类比解释计算机网络中的 TCP/IP 协议：

- IP 地址相当于收件人住址。
- TCP 协议就像签收确认流程。
- 数据包就好比包裹在运输过程中被拆分成若干部分。
- 路由器则类似于中转分拣中心。

（4）操作步骤

- 复制上述提示词。
- 将提示词粘贴到 DeepSeek 的输入框中。
- 按回车键运行，等待 DeepSeek 生成详细解释。

（5）预期效果

DeepSeek 会输出一段通俗易懂的比喻，将抽象的 TCP/IP 协议解释成你日常熟悉的快递配送过程。这样，每当你想到快递流程时，相关的技术概念也会变得易于理解和记忆。

反脆弱训练

（1）问题描述

英语听力材料通常较为简单，导致你可能抓不住关键信息，听不出难点，提升有限。

（2）通俗解释

反脆弱训练就是主动给自己增加一些难度，让大脑适应更高强度的输入。你可以通过加快播放速度、混入一些非标准口音，甚至故意让部分单词遗漏，来迫使自己更专注、用上下文来猜测内容，从而不断提高听力水平。

（3）提示词

请设计一套英语听力训练方案，包含以下要求：

- 播放材料的速度调整到 1.2 倍速。
- 混入约 10% 的非标准口音。
- 故意遗漏部分单词，迫使听者通过上下文进行推理。

请输出一份详细的训练步骤和注意事项。

（4）操作步骤

- 复制上述提示词。
- 将提示词粘贴到 DeepSeek 的输入框中并运行。
- 阅读输出的训练方案，了解如何安排训练内容和步骤。

（5）预期效果

DeepSeek 会生成一份详细的英语听力训练计划，帮助你逐步攻克更高难度的听力材料。通过不断练习，你会发现自己捕捉关键信息的能力有明显提升，从而可以更好地应对听力考试或日常英语交流。

51 游戏化心流设计

（1）问题描述

在背诵古诗或记忆知识点时，学生往往缺乏动力，觉得学习太枯燥，难以坚持。

（2）通俗解释

游戏化心流设计就是把学习变成一个有趣的游戏，通过设定关卡、奖励和隐藏任务来激发学习兴趣。这样，你就能在挑战中获得成就感，进而提升学习效率和增加乐趣。

（3）提示词

请设计一个关于古诗背诵的闯关游戏。

关卡 1：要求正确朗读古诗，朗读成功后解锁诗人动画。

关卡 2：默写古诗正确率达到 80% 以上，获得"翰林学士"称号。

隐藏任务：找出古诗中的意象，完成后奖励一段历史秘闻。

请详细说明每个关卡的规则和奖励机制。

（4）操作步骤

- 复制上述提示词。

- 粘贴到 DeepSeek 的输入框中，并按回车运行。

- 阅读生成的游戏化学习方案，了解如何将古诗背诵设计成一个有趣的游戏。

（5）预期效果

DeepSeek 会输出一份详细且富有创意的游戏化学习方案，将背诵古诗的过程转变为一个有趣的闯关游戏。通过设定关卡和奖励，学生的学习动力将显著提高，背诵效率和记忆效果也会随之提升。

第六章

DeepSeek
帮你写爆款
新媒体文案

掌握好内容
才能掌握更多免费流量

（1）未来商业的本质是流量，流量的本质是好的内容

在新媒体时代，商业竞争的焦点已经从"产品"转向了"流量"。你可能已经听说过，流量是一切商业的基础，而能够获取流量的关键，就在于内容是否足够吸引人。而那些能带来高流量的内容，往往具有一个共性——它们足够有趣、精准，并且能引发用户共鸣。

无论是小红书的种草笔记、抖音的热门短视频，还是 B 站和快手的用户创作内容，在这个用户注意力被极度分散的时代，你的文案只有在短短的 1~3 秒内抓住用户的眼球，才能赢得停留时间，进而推动点赞、评论、转发，甚至"病毒式"传播。

（2）好的内容才能换取免费流量，免费的流量可带来更大的价值

商业流量分为两种：付费流量和免费流量。

付费流量需要企业投入高额的广告费用，而免费流量的来源则依赖于用户的主动传播。因此，在未来的商业竞争中，创造出能够让用户愿意分享和互动的好内容，将是企业和创作者的制胜之道。

但是，面对不同平台、不同受众的需求，传统的文案创作方式可能已无法满足这些快速变化的环境。一篇能够引发共鸣的"种草"文、一条能"炸"出话题的短视频文案，甚至一条幽默而有洞察力的评论，都需要在短时间内被精心设计。这正是许多创作者在高强度创作中感到力不从心的原因。

（3）借助 DeepSeek，轻松写出有吸引力的免费爆款内容

DeepSeek 就是这样一款"陪你写"的 AI 工具，只需要输入简单的提示词或创意方向，它就能根据平台调性、目标用户和传播目标，生成符合你的需求的精准文案，让创作过程更高效、轻松。

DeepSeek 能帮你做什么?

- 在小红书上,生成一篇能引发用户共鸣的"种草"笔记。

- 在抖音上,提供一条能够吸引用户"停下来"的开头文案。

- 在 B 站上,为视频标题或评论注入幽默感和趣味性,让用户自发参与讨论。

(4) 未来属于掌握好内容和免费流量的人

免费流量是未来商业中最具价值的资源,而好的内容是获取免费流量的核心。DeepSeek 不只是一个工具,而是你创作高价值内容的强力"加速器",能帮助你抢占用户心智,成为新媒体时代的赢家。

记住这条公式:好内容 = 好流量 = 更大商业价值。

用 DeepSeek 写好内容,收获源源不断的免费流量,未来的商业机会将为你打开大门。

(5) DeepSeek 的 3 大优势

▶▶ 简单易用,降低写作门槛

无须复杂的写作技巧,你只需提供简洁的提示词,例如

"模仿小红书风格，写一篇关于护肤品测评的真实体验文案"，DeepSeek 就能输出符合平台风格的内容，帮助你轻松跨越"不会写"的障碍。

▶▶ DeepSeek 的中文能力

DeepSeek 能精准捕捉本土语言特色，生成更自然、更具共鸣的中文内容。

相比于 ChatGPT 主要基于英语和多语言混合语料训练，导致中文表达有时显得过于正式或生硬，DeepSeek 的核心优势在于其本土化的中文语料库。DeepSeek 不仅涵盖小红书、抖音、知乎等社交平台的大量中文内容，还融入了网络用语、流行词汇和地域文化，让生成的文案更加接地气、有代入感。

当你需要撰写"种草"文、短视频脚本或幽默评论时，DeepSeek 能灵活切换正式语气、幽默俏皮或简洁直观的语言风格，避免 ChatGPT 在中文创作中可能出现的翻译腔或书面化表达。同时，DeepSeek 支持生成多个版本的文案，并可以根据提示多轮调整优化，确保输出的内容符合具体场景和平台需求，大幅提高创作效率。

▶▶ 灵活的提示词设计

DeepSeek 的提示词系统可以根据用户的不同需求进行灵活调整。你可以根据平台类型、文案用途、用户画像等因素，逐步细化提示内容，让生成的文案更加符合实际传播需要。

5 了解各大平台的传播模式与风格

要想写出真正的"爆款"文案，首先要了解不同平台的传播特点和用户偏好。每个平台的用户画像、内容推荐机制、交互方式都有所不同。因此，一篇文案在抖音上火了，可能在 B 站上就无人问津，反之亦然。下面，我们详细分析小红书、抖音、视频号、B 站（哔哩哔哩）、快手这 5 大平台的文案风格和要求。

（1）小红书：分享体验、精致生活的社区

平台特点：用户多为 18~35 岁的年轻女性，关注美妆、穿搭、旅行、生活方式等内容。

推荐机制：主要基于笔记的收藏、点赞和评论进行推荐，内容的真实感和互动性是关键。

文案风格：亲切、真实、具有故事感，往往以生活记录或真

实测评的形式引发共鸣。

适合的文案类型：产品测评、"种草"文、生活感悟。

示例文案要求：在提示词中加入"结合个人使用体验""突出真实感"等描述，让文案更有代入感。

示例："模仿小红书的风格，写一篇关于护肤品测评的文案，结合真实使用感受，突出温和效果，适合敏感肌。"

（2）抖音：短视频，抓人眼球的快节奏平台

平台特点：以短视频为主，用户偏年轻化，热衷于娱乐内容、创意挑战和热点话题。

推荐机制：基于用户的互动数据（观看时长、点赞、评论、转发）推荐。

文案风格：短小精悍、开头抓人眼球，常用夸张的修辞、时下流行语和能引发情感共鸣的文字。

适合的文案类型：开场白、短视频标题、热点话题文案。

示例文案要求：在提示词中强调"前3秒吸引用户注意""加入流行语或夸张表达"等。

示例："模仿抖音风格，写一段关于街头美食探店的视频开场白，语言幽默风趣，开头吸引人，适合追求刺激感的年轻观众。"

（3）视频号：真实、温情的生活记录

平台特点：微信生态内的短视频平台，内容主要面向社交圈，强调真实、自然、温情。

推荐机制：基于好友互动、用户兴趣和朋友圈转发进行推荐。

文案风格：自然、贴近生活，能引发情感共鸣。

适合的文案类型：生活感悟、家庭记录、正能量短文案。

示例文案要求：在提示词中突出"温馨自然""真情实感"，强调情感共鸣。

示例："模仿视频号风格，写一段关于家庭温馨时刻的视频文案，要求情感真挚，适合分享日常感悟。"

（4）B 站：年轻人聚集的创意和二次元社区

平台特点：主要用户为"Z 世代"，对二次元、游戏、动漫、影视解说等内容有较高关注。

推荐机制：基于用户的观看行为、弹幕互动和视频内容标签进行推荐。

文案风格：幽默、俏皮、网络梗多，具有讨论性和娱乐性。

适合的文案类型：动漫解说、知识科普、创意剧情。

示例文案要求：提示词中可以加入"融入网络梗""弹幕文化"等要素，使文案更贴合 B 站用户口味。

示例："模仿 B 站的风格，写一段关于经典动画片的搞笑解说文案，语言幽默，带有弹幕吐槽和流行梗。"

（5）快手：接地气，草根文化的短视频平台

平台特点：用户群体较广泛，涵盖城市蓝领、农村用户、年轻人等。内容注重真实、情感和互动。

推荐机制：基于用户观看行为和互动数据推荐。

文案风格：直白、接地气，注重情感表达，常带有朴实的乡土气息。

适合的文案类型：乡村生活记录、情感故事、励志故事。

示例文案要求：提示词中强调"情感直白""贴近普通人生活"等。

示例："模仿快手风格，写一段关于农村日常生活的视频文案，真实、接地气，能引发观众共鸣。"

3 如何设计高效提示词

文案写作并非只有天赋异禀的人才能做好，尤其在新媒体平台上，文案写得是否成功很大程度上取决于你如何设计提示词。借助 DeepSeek，你只需要清楚地描述平台调性、目标受众、情感表达等要素，系统会帮你自动生成符合要求的爆款文案。

在这一部分，我将教你如何设计高效提示词，让你无论是写小红书"种草"文，还是抖音短视频开场白，都能轻松上手。

（1）确定平台风格和目标受众

每个平台的用户都有不同的阅读习惯和喜好，因此在提示词中，必须明确你针对的是什么平台以及对应的用户画像。

小红书：在提示词中加入"模仿小红书风格""真实体验""温和自然"等。

抖音：在提示词中强调"开头吸引人""融入流行语""节奏感强"等要求。

视频号：在提示词中使用"情感真挚""贴近生活""适合分享朋友圈"等。

B站：在提示词中融入"弹幕用语""幽默风趣""适合年轻亚文化观众"等。

快手：在提示词中突出"接地气""直白情感""引发共鸣"等。

示例："模仿小红书的风格，写一篇关于'春季护肤推荐'的文案，结合个人使用体验，突出温和保湿的效果，适合敏感肌的年轻用户。"

（2）明确内容主题和文案用途

在提示词中，需要明确你希望生成的文案是用在哪种场景中，例如广告标题、产品测评、短视频开场白等。不同的内容用途需要不同的情感表达和结构。

示例提示词结构：模仿_____（平台名称）风格，写一段关于_____（内容主题）的_____（文案用途）。

示例：

- 产品测评场景，如"模仿小红书的风格，写一篇关于新款美白精华的测评文案,要求文案真实亲切,结合个人使用体验"。

· 短视频开场白场景,如"模仿抖音的风格,写一段关于街头探店的短视频开场白,要求开头抓人眼球,语言简洁有力"。

· 生活感悟场景,如"模仿视频号的风格,写一篇关于家人共度时光的感悟文案,要求温馨自然,突出亲情"。

(3) 添加情感和细节描述

用户之所以被文案打动,往往是因为其中蕴含的情感和细节能够引发共鸣。因此,在提示词中加入情感和细节要求至关重要。

提示词优化要点:

· 指明"融入情感""带有细节描述"或"结合个人故事"等具体要求。

· 指出你希望文案带给用户的感受,例如"激励""共鸣""温暖"等。

示例: "模仿快手的风格,写一段关于农村日常生活的视频文案,要求真实、接地气,带有个人故事,能够引发观众共鸣。"

生成文案示例:

"清晨的第一缕阳光洒在田间,我用锄头轻轻翻开泥土,收获的不只是食物，还有生活的简单和满足。每天日出而作、日落而息，这就是我的日常。但就是这种看似平凡的小日子，却藏着无数的美好和希望。"

（4） 提示词中的关键要素

以下是一个高效提示词的基础结构，它可以帮助你明确文案的核心内容、表达风格和目标效果。

提示词模板结构：模仿＿＿＿＿（平台风格），写一段关于（内容主题）的＿＿＿＿（文案用途），要求文案＿＿＿＿（细节描述）、＿＿＿＿（情感表达）、＿＿＿＿（字数限制）。

示例：模仿 B 站风格，写一段关于"经典动漫回顾"的搞笑解说文案，融入网络梗和弹幕用语，幽默风趣，适合年轻观众。

生成文案示例：

"你还记得小时候熬夜追《海贼王》的日子吗？每次路飞喊出'我要成为海贼王'时，我都觉得这是热血少年的共鸣仪式！可谁能想到，十多年过去了，路飞还在路上，我们却被工作压得喘不过气。干杯，青春！感谢路飞陪我们成长。"

（5）多轮生成与优化提示词

即使是简单的提示词，在 DeepSeek 中也能通过多次调整写出更符合预期的文案。你可以尝试以下方法。

增加细节要求：比如"开头用问题引出话题"或"结尾用一句号召性的语句结束"。

调整情感强度：比如"请加强情感共鸣""用幽默语言表达"等。

优化版本选择：比较生成的不同版本，选择并进一步打磨最佳内容。

示例优化过程：

- 初次提示词为"模仿抖音的风格，写一段关于健身励志的短视频文案"。初稿输出为"健身并不是看一眼体重秤就能成功的事，而是每天的坚持。你越流汗，越接近自己想要的模样"。

- 优化提示词为"请加入开头吸引人的短句，并用更加情感化的语气"。

优化生成示例：

"如果你每天都讨厌镜子里的自己，那就换个方法去爱自己。健身是对自己最好的投资。只有挥洒汗水、坚持不懈，才能成为梦想中的样子！"

实操演示：
如何用 DeepSeek 生成爆款文案

接下来，我们将进入实际操作部分，以小红书、抖音、视频号、B 站和快手为例，展示如何通过 DeepSeek 提示词设计生成适合各平台的爆款文案。无论你是想写一篇"种草"测评、一段短视频开场白，还是一则生活感悟，DeepSeek 都能帮你轻松完成。

（1）小红书：真实体验与故事感的种草文案

平台特点复习：小红书用户注重真实体验和个人化故事，文案要让读者感受到"这是真的有用，而且我也可以试试"的感觉。

示例提示词："模仿小红书风格，写一篇关于春季护肤推荐的'种草'文案，结合个人使用体验，突出温和保湿的效果，适合敏感肌的年轻用户。"

生成文案示例：

"春天的肌肤最容易敏感，我曾经为了选对护肤品折腾了好久。直到遇到了这款温和保湿的精华，它没有华丽的包装，但效果实实在在——第一次使用后，干燥起皮的地方瞬间被'救活'了，连续用了一周，脸上那种干巴巴的感觉彻底消失了。敏感肌的姐妹们，如果你还在纠结用什么，不妨试试这款能温柔对待肌肤的小救星！"

分析要点：

• 突出了真实的个人体验，容易引发读者共鸣。

• 文案中使用了温暖、亲切的语气，符合小红书"分享"的社区氛围。

（2）抖音：抓人眼球的短视频开场白

平台特点复习：抖音文案的核心是在前 3 秒抓住用户，常用夸张的修辞、引人入胜的疑问或流行语，确保用户不划走。

示例提示词："模仿抖音的风格，写一段关于'街头探店'的短视频开场白，语言幽默风趣，开头吸引人，适合追求刺激感的年轻观众。"

生成文案示例：

"你以为普通的街头餐馆没什么特别的？那你就大错特错了！今天带你见识一下隐藏在小巷深处、排队排疯的神级小吃，每一口都让你怀疑人生：'这竟然只要 10 块钱！'"

分析要点：

- 开头用"你以为……？那你就大错特错了！"制造悬念，吸引用户继续观看。
- 使用夸张和情感化的语言，让人对接下来的内容充满期待。

（3）视频号：温暖治愈的生活记录文案

平台特点复习：视频号用户倾向于关注与日常生活相关的内容，文案风格要温馨自然，能引发情感共鸣，适合分享给好友或发朋友圈。

示例提示词："模仿视频号风格，写一篇关于与家人共度美好时光的感悟文案，要求情感真挚，突出亲情。"

生成文案示例：

"记忆中的家，可能并不是高楼大厦，而是饭桌上的一碗热汤、窗台上的一缕阳光。昨天和父亲坐在院子里聊小时候的趣事，他说着说着笑了，我却红了眼眶。家人陪伴的时间是世界上最大的宝藏，我们总以为还有很多时间，但不要让'等一等'变成'来不及'。"

　　分析要点：

　　• 使用温暖的语言引发情感共鸣，带有一定的反思意味，适合发朋友圈传播。

　　• 文案突出亲情，容易引发用户的分享欲。

（4）B 站：二次元风格的搞笑解说文案

　　平台特点复习：B 站用户偏爱带有梗和弹幕文化的文案，在文案中加入网络流行语、幽默吐槽是引发用户互动的关键。

　　示例提示词："模仿 B 站风格，写一段关于经典动画片《灌篮高手》的搞笑解说文案，要求语言幽默，带有网络梗和吐槽元素。"

　　生成文案示例：

　　"《灌篮高手》让我懂得了一个道理：长得帅、打篮球又厉害的人，果然比我运气好！樱木花道的单恋让我觉得他很励志——他追晴子姐的执着，就像我减肥路上的那种'假装努力'。每次喊着'我要成为全国冠军'，我都能听到：'是啊，你只是在喊而已！'"

分析要点：

· 文案中使用了网络梗和"吐槽式"的幽默风格，很容易在弹幕中引发互动。

· 符合 B 站年轻用户的幽默感和娱乐需求。

（5）快手：接地气的情感故事文案

平台特点复习：快手文案需要简单直白但情感真挚，适合讲述贴近生活的真实故事，强调情感共鸣和互动。

示例提示词："模仿快手风格，写一段关于'农村日常生活'的文案，要求真实接地气，语言朴实，适合引发观众共鸣。"

生成文案示例：

"清晨，天刚蒙蒙亮，院子里的公鸡开始打鸣。我端着一碗热气腾腾的稀饭，望着远处的山峦被朝阳染红。这是我们每天都过的小日子——没有轰轰烈烈的大事，但简单得温暖。就像母亲常说的：'过日子嘛，脚踏实地，心里才踏实。'"

分析要点：

- 　文案简单朴实，但通过细节描写出农村生活的质朴感，很容易引起共鸣。

- 语言直接，情感真挚，符合快手"接地气"的平台调性。

通过上述示例，我们可以看到，DeepSeek 能根据不同平台和提示词生成符合预期的文案。实操过程中，你只需不断调整提示词中的细节要求，如加入更多的情感描述或强调特定场景，便可生成更加契合你的需求的文案。在下一部分，我们将介绍如何应对常见问题，并分享更多优化提示词的技巧。

5 常见问题与技巧分享

在使用 DeepSeek 写新媒体文案的过程中，你可能会遇到一些问题，比如生成的文案不够吸引人、语气不符合平台要求或者字数超出限制等。这一部分将详细分析这些常见问题，并分享优化提示词的小技巧，帮助你更高效地写出优质文案。

(1) 常见问题及解决方案

▶▶ 文案太长或太短，影响阅读体验

现象：生成的文案篇幅过长，让人没有耐心看完，或者太短，信息不够丰富。

解决方案：在提示词中明确要求字数范围，比如"控制在 100 字以内"或"不少于 300 字"。

优化示例：

- 初次提示词为"写一段关于护肤产品推荐的小红书文案"。
- 优化提示词为"写一段小红书风格的护肤产品推荐文案，控制在 200 字以内，语言亲切自然"。

优化后生成文案示例：

"这款温和到'会哄人'的护肤精华，一定要'安利'给你们。用了两周，我的敏感肌从'报警状态'变成了'岁月静好'。它没有刺激感，上脸清爽，而且第二天起来皮肤还特别柔软！姐妹们，值得一试！"

▶▶ 文案的语气不符合平台调性

现象：在小红书上文案太正式，在 B 站上文案过于严肃，导致用户代入感差。

解决方案：在提示词中明确指定平台和其风格，比如"模仿小红书的风格""融入网络梗和弹幕文化"等。

优化示例：

- 初次提示词为"写一篇关于经典动画《灌篮高手》的解说文案"。
- 优化提示词为"模仿 B 站的风格，写一篇关于经典动画《灌篮高手》的搞笑解说文案，融入网络梗和弹幕吐槽"。

优化后生成文案示例：

"当樱木花道喊着'我是天才'的时候，你知道他要么在装，要么在犯蠢！每次看到他打球前 5 秒都很自信，后 5 秒直接出糗，我只能在屏幕前高呼：'兄弟，你醒醒吧！'"

▶▶ 缺乏吸引力或情感共鸣

现象：生成的文案无法打动人心，开头平淡或情感不足，无法引发用户互动。

解决方案：在提示词中加入情感要求，比如"用充满温情的语言""在开头引入疑问或悬念"。

优化示例：

- 初次提示词为"写一段关于农村日常生活的快手文案"。

- 优化提示为"模仿快手风格，写一段关于农村日常生活的文案，语言朴实，带有个人故事和情感共鸣"。

优化后生成文案示例：

"天蒙蒙亮，炊烟升起，奶奶的菜园里长满了青翠的蔬菜。小时候，我总爱坐在她的小板凳上，看她摘下刚成熟的西红柿，递给我吃。那时候的味道，是我至今难忘的家乡味道。家，总是让人心里踏实。"

（2）提示词优化的常用技巧

▶▶ 指定具体场景和细节

具体的场景能够帮助 DeepSeek 更精准地理解你的需求，生成更生动、更贴合用户感受的文案。

示例："模仿视频号风格，写一段关于家庭聚餐的充满温情的文案，场景是除夕夜一家人围坐在餐桌旁。"

效果：明确了"除夕夜聚餐"的场景，生成的文案更加有画面感和代入感。

▶▶ 明确目标情感和语气

不同情感导向会直接影响文案的感染力。在提示词中明确希望文案是"幽默风趣"还是"温暖治愈"，能够让输出的文案更符合需求。

示例："模仿小红书的风格，写一篇关于春游穿搭推荐的文案，语气轻松愉快，能带动读者出游的兴趣。"

效果：文案语气更加贴近春游主题，容易引发用户的行动和互动。

▶▶ 控制字数和结构

长短合适的文案更容易被用户阅读和分享，因此在提示词中加入"字数限制"能够有效优化文案结构。

示例："模仿抖音的风格，写一段关于深夜小吃的短视频开场白，控制在 50 字以内，吸引用户继续观看。"

效果：限制字数后，文案开头更加精炼直接，有助于在短时间内抓住用户。

（3）使用多轮提示词调整

即使提示词已经较为详细，有时生成的文案仍可能不够理想。这时可以通过多轮调整进一步优化。每轮调整都可以加入新的要求，如"开头更有冲击力""强化情感描述"等。

初次提示词："写一篇关于健身的励志文案。"

输出初稿："健身是对自己最好的投资，坚持下去，你会看到更好的自己。"

优化提示词：请加强情感共鸣，并在开头用一个问题引出文案。

最终优化后输出：

"你有多久没看过镜子里的自己了？是因为害怕看到没有

变化的身材，还是害怕面对自己的放弃？别害怕，汗水和坚持会给你答案。"

（4）综合优化后的示例提示词

以下是一个完整的优化提示词示例，综合考虑了平台风格、情感描述和字数控制等要求。

提示词："模仿抖音的风格，写一段关于健身的励志文案，要求开头用引人入胜的疑问，结尾带有鼓励性的呼吁，控制在 100 字以内。"

输出最终文案：

"什么时候才会变成理想中的自己？答案很简单：从今天开始。健身不是一场比拼速度的比赛，而是一场和自己的较量。每一滴汗水，都是你战胜'放弃'的证据。今天动起来，未来的你会感谢现在的自己！"

3 互动练习与实践

学习文案写作最重要的是实践，尤其是面对不同平台时，要能够灵活设计提示词，生成符合要求的爆款文案。下面是基于小红书、抖音、视频号、B站和快手五大平台设计的作业任务，以及自我评估和总结方法。

（1）练习任务：针对不同的平台生成文案

▶▶ 小红书"种草"文案

场景描述：推荐一款适合秋冬使用的保湿面霜，文案需要突出实际使用体验，并结合季节特点。

提示词模板示例："模仿小红书的风格，写一篇关于秋冬保湿面霜的'种草'文案，结合真实使用感受，突出保湿效果和舒适体验。"

练习任务：

- 替换"保湿面霜"为其他类型的产品，如"眼霜、精华液、身体乳"等，生成不同版本的文案。
- 尝试在提示词中加入"用户评论风格""搭配使用建议"等要求。

自我评估：

- 文案是否体现了真实体验？
- 开头是否足够吸引人？
- 语言是否自然亲切，符合小红书的用户风格？

▶▶ 抖音短视频开场白

场景描述：为一段街头美食探店的视频写开场白，文案需要在开头几秒抓住用户注意力，语言幽默风趣。

提示词模板示例："模仿抖音的风格，写一段关于街头美食探店的短视频开场白，开头抓人眼球，语言幽默风趣。"

练习任务：

- 替换"街头美食"为"夜市小吃""异国风味餐厅""特色甜品"等，生成多个版本。
- 尝试在提示词中加入"疑问句开头"或"悬念设计"要求，增强吸引力。

自我评估：

- 开头是否能够快速抓住用户？

- 语言是否有趣、富有节奏感？

- 是否融入了流行语或热点话题？

▶▶ 视频号情感文案

场景描述：记录一个与家人共度的温馨的周末时光，文案要自然温暖，能够引发用户的情感共鸣。

提示词模板示例："模仿视频号风格，写一段关于家庭周末时光的情感文案，语言温馨自然，突出亲情和陪伴的重要性。"

练习任务：

- 替换"周末时光"为"家庭聚餐""节假日出游""父母生日"等场景，生成不同版本。

- 尝试在提示词中加入"更多细节描述"和"情感升华"要求。

自我评估：

- 文案是否具有温暖的情感？

- 细节描写是否让人有画面感？

- 是否有引发共鸣的收尾或反思？

▶▶ B 站搞笑解说文案

场景描述：针对经典动画《灌篮高手》，写一段带有网络梗和弹幕吐槽的解说文案，适合年轻用户。

提示词模板示例："模仿B站的风格，写一段关于经典动画《灌篮高手》的搞笑解说文案，融入网络梗和弹幕吐槽。"

练习任务：

• 替换《灌篮高手》为其他经典影视作品，如《名侦探柯南》《哈利·波特》《复仇者联盟》等，生成不同版本。

• 尝试在提示词中加入"更多网络梗"和"弹幕吐槽"的要求。

自我评估：

• 文案是否足够幽默、有趣？

• 是否融入了网络用语，具有弹幕风格？

• 是否能够引发讨论或互动？

▶▶ 快手生活记录文案

场景描述：记录农村田间的日常生活，文案需要真实、接地气，强调质朴的生活情感。

提示词模板示例："模仿快手的风格，写一段关于农村田间生活的文案，语言朴实无华，突出乡村生活的简单和温暖。"

练习任务：

• 替换"田间生活"为其他场景，如"村里集市""家庭农作""河边垂钓"等，生成不同版本。

- 尝试在提示词中加入"更多细节"和"情感升华"的要求。

自我评估：

- 文案是否能体现乡村的简单质朴？

- 是否有真实的细节描写？

- 结尾是否能够引发情感共鸣？

（2）自我评估与反馈优化

完成练习任务后，进行以下步骤的自我评估。

选择最佳版本：针对每个平台的文案版本，选择最符合平台调性的那一版，并记录下你认为最有吸引力的部分。

回顾提示词优化过程：

- 记录每次修改提示词后的变化，分析哪些改动提升了文案的吸引力和效果。

- 总结出哪些提示词组合最有效，建立自己的提示词模板库。

分享与讨论：

- 将生成的文案分享到群组或与朋友讨论，收集反馈并进一步优化提示词。

- 根据反馈对提示词做出调整，生成更加符合平台需求的文案。

（3）持续学习与总结

文案写作是一个需要长期积累和持续优化的过程，尤其是面对不同的平台时，要及时跟进热点和流行趋势。以下是持续提升的几个关键点。

关注各平台热点：定期查看各大平台的热门内容，学习热门文案的结构和用词，并融入自己的提示词设计中。

建立个人提示词库：将每次练习中效果好的提示词记录下来，逐步形成适合不同场景的提示词模板库。

定期练习与优化：每周选定一个主题，针对不同的平台生成多版本文案，并进行优化，逐步提升提示词设计能力。

（4）小结

· 掌握提示词设计技巧是写出爆款文案的关键，通过反复练习和自我评估，你会逐渐掌握如何灵活运用 DeepSeek 提示词，生成符合不同的平台需求的文案。

· 持续优化和总结能帮助你建立自己的提示词模板库，成为你的"文案宝藏"。

· 与他人交流和反馈能加速你的学习进程，让你更快掌握新媒体文案写作的核心要领。

通过这些练习，你将不仅仅能掌握提示词的使用，更重要的是能学会如何高效创作，逐步成为一名新媒体爆款文案创作者。

1. DeepSeek 不仅是一个普通的 AI 写作工具，更像是一位"全能写作助教"。无论是陪你辩论、替你翻译，还是帮你模仿文学大师，它都能轻松胜任。

它是你真正的创作伙伴，几乎可以帮你搞定所有和写作有关的事。

2. DeepSeek 不仅是你的"语言翻译器"，更是"表达优化大师"，能够理解语境、调整语气，确保翻译内容既准确又专业。

3. DeepSeek 是你的贴身"编程助理"，不仅能帮你写代码、优化逻辑，还能迅速定位和修复代码中的错误。

4. DeepSeek 是你的"数据归纳员"，能快速从杂乱无章的文本、数据和会议记录中提炼出有价值的信息，帮你轻松完成数据报告、会议纪要和复杂文档归纳等任务。

5. 可以让 AI 记住的信息：

- 你的职业和工作背景

- 你的行业和领域

- 你的风格偏好

- 长期目标或项目

6. 不要让 AI 记住的信息：

- 个人敏感信息

- 公司机密和商业敏感信息

- 个人的隐私生活

- 政治或法律敏感信息

- 带有私人情绪或负面评价的信息